信仰の対象と芸術の源泉

世界遺産　富士山の魅力を生かす

五十嵐敬喜、岩槻邦男、西村幸夫、松浦晃一郎　編著

巻頭言

世界遺産　富士山の魅力を生かすために

西村幸夫
日本イコモス国内委員会委員長

二〇一三年の世界遺産登録時の議論

二〇一三年六月にプノンペンで開催された第三七回世界遺産委員会において富士山は世界遺産リストへの登載が決議された。審査の過程で二五の構成資産のひとつである三保松原が、富士山からの距離が遠いこともあって、富士山の一部ということができるのかという疑義が提起されたことは記憶に新しい。この問題は、三保松原は富士山登拝の重要な拠点のひとつであり、同時に富士山の主要な眺望点として不可欠だという日本側の主張が受け入れられたという結末も周知のことである。今年は、世界遺産登録から五周年を迎える。

しかし、この問題の背景にはひとり三保松原にとどまらず、そもそも富士山という山の価値を説明するにあたって富士山全体をひとつとしてではなく、二五に分散した構成資産によったことが適切かという問いが根底にあったといえる。「富士山」という名前で、山体全体を推薦しているような印象を与えるが、広大な山麓まですべてコアゾーンとして扱われてはいないからである。

都市文明から隔絶された遠隔地にある信仰の山であれば、全体を単一の資産として推薦することも可能だろう。しかし、富士山の場合は大都市からほど近いところに聳え、だからこそ富士山信仰が江戸時代において盛んになったという歴史を有している。近代に入ってからも、日本を代表する観光地として山麓における開発が続けられていった。広大な裾野には観光産業以外にも、製造業をはじめとする各種産業の立地も進み、いかに近代の土地利用と富士山の文化的価値の保全とのバランスをとるかということが世界遺産登録のおおきな課題のひとつであった。

構成資産周辺の環境や資産そのものの保護措置の現状などが詳細に検討され、二五の構成資産に絞り込まれていった。二五という資産数を聞くと、数多くの小規模資産が点在しているといった印象を持ちかねないが、資産の合計面積は、約二万七〇〇ヘクタール【註1】、これは山手線内側の面積の三倍強という広大な広さである。これだけの面積の土地をうまく保存管理できるのかという面での不安もある。

そのうえ、富士山山頂には毎年三〇万人近い人が登っている。五合目まで車でやってくる来訪客の数は三〇〇万人ちかく、さらにふもとを周遊する来訪者を加えるとその数は二千万人に達するといわれている。開発の圧力も容易に想像できる。

しかし一方で、独立峰としての富士山の美しい姿は世界的に有名で、日本の国そのものの代名詞ともなっている。つまり、文化的景観として典型例であるともいえる存在なのである。そのことはかねてよりイコモス（国際記念物遺跡会議）も認めていた。

こうした状況下、二〇一三年の世界遺産委員会では、富士山の世界遺産登録を決めると同時に、富士山を二五のばらばらの構成資産の集合体ではなく、ひとつの存在として、一体的な文化的景観として管理するためのシステムを日本に求める勧告を行った【註2】。具体的には、①全体構想の策定、

②裾野における巡礼路の特定、③来訪者管理、④危機管理、⑤開発の制御、⑥経過観察指標の拡充の六点に関して、二〇一六年二月までに提出を求めるものであった。

「富士山ヴィジョン」の策定とその後

山梨県と静岡県では、上記勧告を受けて、両県知事をトップとする富士山世界文化遺産協議会のもと、関係市町村とともにさっそく作業を開始し、二〇一六年二月の期限までに一〇〇頁を超す「富士山ヴィジョン」と略称される報告書と大部の包括的保存管理計画（本編のみで三〇〇頁に及ぶ）を策定し、ユネスコ世界遺産センターへ提出している。

富士山ヴィジョンは、二〇一三年の世界遺産委員会における決議に示された六つの論点それぞれに対して、対応策を明記したものであった。具体的な内容は本書の各章の記述にゆずる。

この富士山ヴィジョンに対して、二〇一六年七月にイスタンブールで開催された第四〇回世界遺産委員会において審議が行われ、富士山ヴィジョンの事例は、広域の文化的景観の保存管理のあり方を示す模範的なものであると高く評価された。決議文において、「現在推進されている（富士山ヴィジョンの）方法は、資産管理が保全に対処し得るかのみならず、文化的アイデンティティ及び社会的責任の強化を通じて、いかに付加価値を創出し得るのかについての優れた模範（exellent example）である」と明記し、すべての関係組織が富士山と「類似の課題に直面している他の広大な文化的景観とも共有す」べきであると奨励している【註３】。

世界遺産委員会はまた、締約国すなわち日本に対して、二〇一八年一二月までに世界遺産委員会へ経過報告を行うことも決議している。

この決議を受けて、二〇一八年四月現在、両県は新たな保全状況報告書を準備中である。二〇一六年の前回報告書から、それほど時間が経過していないため、おおきな進捗がある点は限られている。なかでも特筆すべきこととして、六つの課題のうち基礎的データ収集などで作業に時間が必要であった③来訪者管理に関して、登山道における混雑の発生状況に関する詳細なデータを三年間にわたり収集し、これをもとに来訪者管理の水準設定および水準達成に必要な施策を明らかにしている点を挙げることができる。こうした詳細な調査は日本の国立公園内では初めて実施されたもので、その経緯についても本書で触れている。

ここまでの動きから見えてきたことと本書のねらい

これまで日本国内の世界文化遺産に関して、遺産登録後に遺産の保存管理に関して、これほど広範囲の検討が行われ、具体的な対策が実施されている例は他にない。これは、二〇一三年の世界遺産委員会において多項目にわたる施策実施の決議がなされたことに直接的には起因している。しかし、実際には、施策検討プロセスを通じて、多方面の組織間の連携により、富士山の顕著で普遍的な価値をさらに掘り下げて議論し、より望ましい資産管理のあり方を真摯に追究していった成果であるといえる。世界遺産に登録されることによって、さらに保存管理のレベルがあがるという事例として評価できるだろう。他方、広大な裾野を抱える富士山では、環境保全に関して課題を抱えている部分がないわけではないことも事実である。

わたしたち逞(つよ)い文化を創る会(代表・松浦晃一郎)は、二〇一二年に『富士山、世界遺産へ』(別冊ビオシティ)を刊行し、富士山の多面的な魅力とその保全について論じてきた。それに続く本書では、二〇一三年の世界遺産登録後の動きに焦点をあて、具体的にどのような作業が行われて、何が進捗したのかを明らかにすることを意図している。同時に、世界遺産登録後に行われてきた具体的な作業が、推薦当初に議論されてきた信仰の山と芸術の源泉という富士山の顕著な普遍的価値を強化することにどのようにつながっているのかを検証したい。「世界遺産リストへの登載は目標ではなく、貴重な遺産の保存管理のスタートラインに立つということである」とよく言われるが、この指摘が何を意味するのかを富士山ヴィジョンをめぐる動きの中に見てみたい。

これまで世界文化遺産の議論は、登録にあたって推薦資産にどのような顕著な普遍的価値を見出すことができるのか、という議論が中心であった。本書では、その先に、見出された顕著な普遍的価値を高めていくためにどのようなことがなされなければならないのか、という議論を行いたい。そのことがまた、顕著な普遍的価値そのものの理解を深めていくことにつながるといえる。

これらのことを通して、ひろく文化遺産一般の保存管理の考え方により広いパースペクティブを得たいというのが本書のねらいである。

註

1 20,702.1 ha

2 決議37 COM 8B.29

3 決議40 COM 7B.39

秋の河口湖

第一章　世界遺産富士山の概要（歴史・信仰・芸術）

信仰の対象としての富士山

秋道智彌
山梨県立富士山世界遺産センター所長

はじめに

山梨・静岡県境にまたがる富士山は二〇一三年六月二二日、第三七回世界遺産委員会において「富士山—信仰の対象と芸術の源泉」としてユネスコの世界遺産に登録決定された。山梨県で富士山観光の入り口となる山梨県立富士山世界遺産センター（富士河口湖町）では、世界遺産登録後、外国人観光客が急増し、世界中から約六〇カ国・地域に拡大している。日本人のみならず、どの国の人でも自由に富士山を登り、観光を楽しむことができる。

だが、富士山を仰ぎ、構成資産を巡り、さらには登頂を目指す人びとは過去におけるような富士山への信仰をもつとはかぎらない。ハイシーズンの夏場の夜に、富士山に無数の光の列を富士吉田市から見ることができる。この光景は登拝者の心の灯を映し出すものなのか。あるいは、単なる観光登山者の行列を示すものなのか。

一般に山岳信仰の研究では、火山、水、葬所に分けて議論されてきた【註1】。火山系としては、噴火への畏敬の念を重視し、富士山、鳥海山、阿蘇山が典型例である。水分（みくまり）系は農耕にとっての水源への感謝と信仰を媒介とし、白山が代表である。葬所系は山中他界観に関連し、恐山、月山、立山、熊野三山などの例がある。いずれにおいても、山岳における神や霊的な存在を崇拝の対象としている。仏教や神道の影響を受けた事例も多く、神仏習合した修験道では、道教や法華経の色彩も濃厚である。以下では、富士山における信仰の歴史と変容過程を振り返り、世界遺産登録後の現代的意味を考えてみたい。

富士山信仰の胎動

富士山をめぐる信仰は時代とともに変わり、決して一枚岩的なものではない。歴史を振り返ろう。静岡県富士宮市の千居（せんご）遺跡は縄文時代中～後期の集落跡で、二一戸ほどの竪穴住居のほかに、環状列石や帯状列石などの配石遺構が一二カ所出土している。山梨県都留市にある縄文時代中期末の牛石（うしいし）遺跡からも大型の環状列石や配石遺構が出土している。ただし、全国でも多くの配石遺構が確認されており、その意義は墳墓・祭祀・住居のためと解釈も一元的ではない。ただし、前記の配石遺構が富士山をカミとして畏れ、崇拝する信仰と関連する可能性は捨てきれない。

富士山を火山系の山岳信仰の対象と位置付けるとしても、噴火現象だけが信仰の主因ではない。噴火の結果、地表にもたらされた火山岩やマグマ、丸尾（まるび）（中腹から流れ出した溶岩流）などや、巨木、洞窟（富士風穴・鳴沢氷穴）などを神秘なものと見なす観念もまた人びとの信仰の源泉となった【註2】。

貞観の大噴火と浅間神社

平安時代の噴火については、七八一（天応元）年の富士山噴火、八〇〇（延暦一九）年の延暦大噴火の記録がある。続く八六四〜八六六（貞観六〜八）年の貞観噴火について、『日本三大実録』はすさまじい噴火の状況を伝えている。富士山の大噴火現象は、それを支配する火の神への信仰と密接なかかわりがある。当時、富士山の噴火を支配するのは浅間大神（あさまのおおかみ）であり、火の神の山が富士山とされていた。人びとは浅間大神の威力が鎮まるよう祈るしかなかった。貞観噴火より少し前、『日本文徳（もんとく）天皇実録』八五三（仁寿三）年（旧暦七月一三日の条）に「特加駿河國浅間大神従三位」、『日本三大実録』の八〇九（貞観元）年（正月二七日の条）に「駿河國従三位浅間神正三位」とあり、浅間大神が従三位、正三位の位にあったことが分かる。

朝廷は富士山の噴火を駿河国浅間明神の禰宜・祝らの祭祀怠慢によるとした。すなわち、「近ごろ、国吏が誤ったことをして、そのために百姓が多く病死しているのに、そのことに全く気付いていないので、この噴火を起こしたのである。早く神社を造って祝・禰宜を任じ、（私を）祀りなさい」との託宣が出た。八六四年九月九日（貞観六年八月五日）に朝廷は甲斐国にたいして浅間大神を奉り鎮謝するよう命じた【註3】。『日本三代実録』の八六五（貞観七）年一二月二〇日（八六六年一月一〇日）の条にあるように、甲斐国山梨郡にも甲斐国八代郡とおなじように浅間大神の祭礼をするよう指令が下っている。

遥拝と登拝

古代には、鎮火の祈りが遥拝所から捧げられた。山宮浅間神社（富士宮市）は、富士山本宮浅間大社の前身とされる遥拝の場であり、現在は祭祀遺跡となっている。境内では、一六世紀後半から一八七四年まで、浅間大神の渡御に係る「山宮御神幸」儀式がおこなわれた。この儀式では、毎年四月と一一月に浅間大神の宿った鉾をもった神職が富士山本宮浅間大社と山宮浅間神社との間を往復した。両神社には鉾を立てたさいの石が残されている。

富士山は一八七二（明治五）年まで女人禁制であり、江戸時代、女性の入山は富士御室浅間神社（富士河口湖町）の山宮（本宮）のある二合目までと厳禁され、山麓には富士山遥拝所大塚丘（富士吉田市）が残されている。

富士山への信仰は山麓から遥拝する形式であったが、古代にも山頂を目指した人は皆無ではなかった。平安時代、菅原道真と同時代人であり従五位下（じゅごいげ）の官位をもつ都良香（みやこのよしか）による『富士山記』（『本朝文粋』巻第一二）には、

「山名富士。取郡名也。山有神。名淺間大神。此山高。極雲表。不知幾丈。頂上有平地。廣一許里。其頂中央窪下。以下略」

とあり、富士山頂部だけでなく、中腹の様子も記述されている。貞観大噴火後に都良香本人が登頂したのか、登頂した人から聞いた話と思われる貴重な史料である。

最近発見された『浅間大菩薩縁起』（神奈川県立金沢文庫蔵）によると、後述する末代上人（まつだいしょうにん）以前に

富士山本宮浅間大社

山宮浅間神社

富士山頂上浅間大社奥宮（富士山本宮浅間大社提供）

も富士山登頂を果たした宗教者のいたことが分かった【註4】。それによると、金時上人（登頂年代は不詳）、覧薩上人（九八三（天元六）年六月二八日に登山）、日代上人（一〇五七（天喜五）年に登山）がいた。

富士山の修験道の祖とされる末代上人は一一三二（長承元）年四月一九日に仲間らと四度目の登頂をしており、そのさい先人である上人らが残した仏具を見つけている。時代からすると、日代上人登頂から七五年が経過している。とすれば、遥拝を基調とする初期の富士山信仰から、登山を通じた山岳信仰への移行期が一〇世紀後半～一一世紀までさかのぼると考えてよい。いずれにせよ一二世紀以降、富士山の噴火も沈静化し、山岳信仰と密教・道教とが習合した修験道がさかんとなる。つまり、山に登って霊力を獲得する修験道が展開し、富士山を修行の場として山頂部を目指す宗教的な行為へと転換した。

一一四九（久安五）年、末代上人は富士山頂上に大日寺を建立し、如法大般若経を埋教した。大日寺建立は日本固有のカミである浅間大神の本地仏が大日経であるとする神仏習合の思想によるものである。大日寺はその後衰えるがのち再興される。富士山における修験道が西日本の大峰山や金剛山における修験道の後発となったのは、富士山噴火が浅間大神の怒りによるものとされ、その鎮静を待たなければならなかったと考える上垣外憲一の指摘がある【註5】。

鎌倉期になると、末代上人の流れをくむ頼尊（般若上人）が村松（富士宮市村山）に修験道を中心とする富士修験（村山修験）を創始した。村山は東泉院（富士市）とともに「富士禅定」つまり富士登拝を目指す修験者にとっての聖地となった。

室町時代以降になると、富士山における修験道が盛行するようになり、のちにふれる長谷川角行が登場する。室町時代作の「富士山参詣曼荼羅図」【25頁】には、当時の富士信仰の様子がリアリティをもって描かれている。たとえば、富士山本宮浅間大社内の湧玉池で富士登山のための禊をする男性が描かれている。上部の富士山興法寺は頼尊が村山に開いた寺で、神仏習合により村山修験の中心地、村山浅間神社となった。

同図にある興法寺下の竜頭の滝には、男性とともに白装束をまとった女性が描かれている。女性は興法寺より上部の山域では見られないことから、遠藤秀雄は女人禁制と山頂の聖所に向かう富士登山の宗教観を表していると指摘している【註6】。また、三保松原は浄土に浮かぶ島と見なされている。

鎌倉末期～南北朝時代の各種の縁起物では、富士山の祭神として「赫夜姫」「赫野妃」「赫野姫」「賀久夜姫」などと「かぐや姫」を当てている。近世中期までの村山及び東泉院の縁起には、富士山の祭神を「かぐや姫」としている【註7】。そのひとつである『富士山大縁起』の書かれた時代は鎌倉末期を少しさかのぼるとされている。一方、幕末期までに富士山の祭神を木花開耶姫とする変化が起こった。その意味には不明な点があるが、木花開耶姫の初出は幕臣の林羅山による『丙辰紀行』（一六一六年）であり、富士山信仰に江戸幕府の政治が関与した可能性がある。

巡拝と富士講

長谷川角行は戦国期から江戸期にかけて活躍した修験道の行者であり、富士講の開祖とされる。各地での修行ののち、富士山麓の人穴（富士宮市）で難行・苦行した。角行は自己の鍛錬だけでなく、カミのお告げによって三六〇文字を作り、「風先侎」と呼ばれる護符や「御身抜」と呼ばれる軸装巻物を作って自分の信徒に「御文」として与えた。これらは、富士講の教義になるとともに、護符は江戸時代の流行り病を治癒する上で霊験あらたかなものとして爆発的な人気を得た。

　長谷川角行は富士山を生命の源と唱え、富士講では、山麓・山腹の霊場を巡り、水垢離を通じて富士山とその恵みである水に感謝する巡拝がおこなわれた。これには、御中道巡り、お鉢巡り、内八海巡り、元八海（忍野八海）巡り、外八海巡りなど、多様な形態が含まれる。

　角行の後継者は数多く、富士講の流布に貢献した。なかでも享保年間以降、村上光清（こうせい）と食行身禄（じきぎょうみろく）が講社の発展を図り、江戸を中心に町人や農民に広く普及活動をおこなった。村上光清は北口本宮富士浅間神社を復興させ、大名などからの支持を得た。一方、食行身禄は江戸の町衆に大きな支持を得、富士山に入定後、弟子たちが江戸で富士講を布教した。

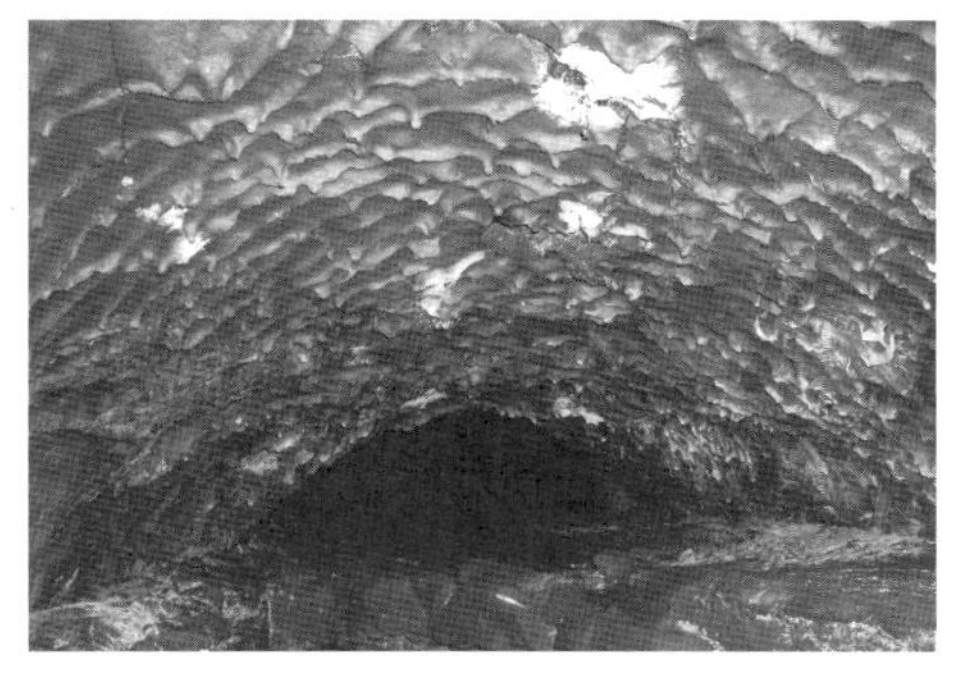

吉田胎内樹型は、溶岩流による穴に樹木が重なり合って形成された複雑な樹型が女性の胎内にたとえられ、修験者や富士講信者の祈りの対象となった

鳩森八幡神社（東京都渋谷区）の千駄ヶ谷富士塚。寛政元年（1789）の築造と言われ、円墳形に土を盛り上げ頂上には富士山の溶岩を配す

人穴富士講遺跡。長谷川角行が苦行の末に入滅したとされる「人穴」と、富士講信者が造立した約230基もの碑塔群が残る

江戸時代後期には「江戸八百八講、講中八万人」といわれるまでに富士講は隆盛した。また、富士講の活動として関東地方に富士山のミニチュアとでもいえる「富士塚」を造成し、富士登山をしない江戸の人びとの信仰対象となった。現在も東京を中心として富士塚が多く残されている。都内では最古のものが鳩森（はとのもり）八幡神社にある千駄ヶ谷富士塚である。

富士山と水信仰

ここで注目すべきは水の果たした意義である。富士山は火の神を具現するだけではなかった。高橋虫麿は、『万葉集』巻三（三二一九）で不尽山が火を噴いて雪を溶かすとともに、雪で火を消す霊験ある神の山であることを詠っている。富士山の噴火を鎮静するために水（古代には雪）は、「カウンターマジック」としての意味をもち、国家的な祭祀がおこなわれた。火と水は富士山の信仰を考える上で原点となった。

平安時代、人びとは富士山の噴火を浅間大神の怒りと考えた。そのため、怒りを鎮めるために神社を建立し、鎮魂の祈りを捧げた。駿河側の富士山本宮浅間大社の山宮と本社、村山・須山・須走・御殿場・静岡の浅間神社、甲斐側二合目の小室浅間神社とその里宮である河口湖南岸の浅間神社、上吉田の北口本宮冨士浅間神社、下吉田の浅間神社、八代の一宮浅間神社などが相当する。その多くは世界遺産の構成資産となっている。河口浅間神社は富士山の噴火を河口湖の水で鎮めるために建立されたとされている。山宮浅間神社は溶岩流の末端に位置し、富士山の溶岩が御神体とされている。富士山の伏流水が湧出する湧玉池のそばに富士山本宮浅間大社があり、現在そこには静岡富士山世界遺産センターが位置している。

山梨県忍野村にある九世紀中葉の笹見原遺跡から「水神」と墨書された甲斐型土器が出土した。山梨県埋蔵文化財センター所長などを務めた考古学者の新津健によれば、「水神」が富士山信仰と関わる論拠として、貞観噴火と土器製作時期とが重なること、朝廷から甲斐国に噴火鎮静の祭祀を実施する要請のあったこと、近年、明見―鳥居地峠―内野―平野―ヅナ峠―横走に至る官道が注目され、鳥居地峠下にある笹見原遺跡一帯が重要な場所であった点を挙げている。当時、土器に墨書して吉祥を祈願する試みが盛行し、二〇一七年に甲州市で出土した「和歌刻書土器」も一〇世紀後半の甲斐型土器(皿)であり、信仰のために土器に刻書する慣行を裏付けている。

中世以降、湧水や湖は水行や禊の場として修験に利用された。たとえば、江原浅間神社(南アルプス市)には湧水の「御手洗の池」がある。ここにある本地垂迹説女神像(一一世紀)は、大日如来像を中心に三方向を向く女神像を彫った特殊な形態のものである。村山浅間神社にも水垢離の場があり、水は龍頭池を水源とする。忍草浅間神社蔵の別当東円寺銘と墨書されている木造女神坐像は一三一五(正和四)年作となっているが、忍野における富士信仰は一一世紀にさかのぼるとする鈴

笹見原遺跡の平安時代の住居跡から出土した水神土師器　忍野村教育委員会蔵

「富士山の女神」として知られる本地垂迹説女神像、江原浅間神社蔵。写真は山梨県立世界遺産センターでの展示風景

大日如来像　東円寺蔵

御師住宅（旧外川家住宅）

間の川

忍野八海の涌池

木麻里子の説があり、注目される。

　近世期には、富士講の隆盛とともに「八海」巡りと龍神信仰が広まった。忍野八海は元八海巡りの霊場とされ、江戸後期に山梨（現市川三郷町、見延町）を中心とする大我講中により再興された。忍野村にある東円寺には一八四三（天保一四）年の「根元八湖再興」の版木および「元八湖再建掛銘細帳」が残されている【23頁上】。八つの池（出口池、お釜池、底抜池、銚子池、湧池、鏡池、菖蒲池）は禊の場とされ、それぞれの池には竜王名が刻まれた碑が残されている。また、八大竜王の名を記した掛け軸が東円寺にある【23頁下】。

世界遺産と富士信仰

　江戸で隆盛した富士講は一方で世俗化の傾向が顕著になり、明和～天保期に生きた富士講の小谷(こだに)三志(さんし)は本来の富士山信仰に立ち戻る必要を感じ、富士山信仰に加えて相互扶助や夫婦和合などの実践道徳をあわせて主張する「不二道」を新たに提唱した。小谷の高弟であったのが明治期に全国各地で植林運動を主導した本多静六の祖父に当たる折原友右衛門であり、折原は富士山に六七度も登頂している。

　富士登山を目指す道者に登山口での宿や食料を提供し、登山に関する情報や装備を提供する御師(おし)集団が吉田を中心として重要な役割を果たした。北口本宮冨士浅間神社は吉田口登山道の起点であり、神社の門前には南北の道路沿い左右に間口の狭い短冊状の御師住宅が、多い時には一〇〇軒近くあった。その一つである旧外川家(きゅうとがわけ)住宅は世界遺産の構成資産となっている。

　富士山をめぐる信仰の形態は全国的に見ても多様といえるが、聖域としての山をめぐる宗教的な分派や多様性は他の山岳宗教でも見られる。しかし、世界遺産となった現在でも富士山の山頂部の聖域のうち、噴火口は「内院（ないいん）」と位置付けられ、鎮座する浅間大神とその本地仏である大日如来を拝する行為は持続されている。火口壁を巡る「お鉢巡り」は、仏教の曼荼羅世界をたどることとされ、富士山本宮浅間大社奥宮とともに「内院」を望む拝所（村山大宮拝所、須山拝所、吉田須走拝所）には鳥居が建立されている。

明治期以降、富士山をめぐる信仰に、森林保全を基調とする本多静六の思想が導入された。森林保全は明治期に西洋から導入されたものであるが、岡本貴久子は本多が「不二道」と密接な思想的かかわりをもっていたことを指摘した【註8】。

富士山を聖域として崇拝する富士山信仰は、富士山のふもとから遥拝し、浅間大神として位置付けられた古代から、中世以降は密教との習合を通じた修験道へと発展する。富士登山によって目指す富士山頂は仏の曼荼羅世界を表象するものと見なされた。山麓の登山口の浅間神社は信者の集う聖所でもあり、日常と非日常をつなぐ境界領域ともなった。江戸時代に隆盛した富士講は信者を多く増やしたが、世俗化と現代におけるような観光としての登山へと変質していく【26頁】。

富士山信仰の未来へ

世界遺産として登録される前から、山梨県では富士山総合学術調査研究委員会が発足し、自然から有形・無形の文化財や文学・芸術に至る多様な分野の調査研究が実施されてきた。その成果が世界遺産登録に多大な貢献を果たした。同研究会は発足後、二〇一八年三月に一〇年を迎えた。

ここ二年は富士山世界遺産センターが中核となり、「富士山と熊野三山 ― 世界遺産となった山岳信仰の霊場」（二〇一七年二月）、「富士山の災害と参詣路の変化」（二〇一八年二月）と題するシンポジウムを実施した。熊野三山とともに世界遺産となった富士山における信仰研究は着実に進んでいる。

富士山が世界遺産としてもつ普遍的な価値を深める作業は今後ともに進められるべきだが、構成資産の歴史的な変容を熟慮することなく、平板な普遍性を標榜する短絡は避けるべきだ。

富士山は人間生活からみて多様な顔をもつ。たとえば、山域の所有権・利用権についてみれば、富士山の八合目以上は富士山本宮浅間神社の所有地であり、それ以外の山域の多くは山梨側で県有地、静岡側で国有地である。山梨側では江戸時代、山林は入会地であったが、明治期以降の山林地

「根元八湖再興絵図」（上）と版木　東円寺蔵

大我講開祖の大寄友衛門筆による元八海の竜王の名を記した掛け軸　東円寺蔵

租改正（一八八九年）により御料地に編入後、一九一一年に県有財として下賜された。県有林は現在も富士吉田市外二ヶ村恩賜県有財産保護組合（恩賜林組合）が管理・運営している【註9】。また、そこは自衛隊の訓練場ともなっており、日本の安全保障と無縁の場ではない。二五の構成資産は分散しているが、それらは信仰面だけでなく情報・経済・政治の道としてのネットワークでつながっている。富士山の豊かな水は地下に涵養され、各構成資産における湧水群として独自の文化的な景観を生み出しており、世界遺産を全体として地下から支える自然基盤となっている。

現代の富士山を訪れる「巡礼者」（ピルグリム）は観光客を含めて多様な顔をもつ。観光目的の富士山訪問は「観拝」とでもいえるもので、単なる世俗化を意味しない。私は多様な価値をもつ巡礼者を受け容れる文化多元主義こそが、世界遺産である富士山の行く末を暗示するものと考える。地球の未来を展望する上で、世界遺産への考え方自体が大きな曲がり角にある。発想の転換に、人間の心、すなわち「信仰」を据えてみることが必要ではないだろうか。

註

1　堀一郎『堀一郎著作集第七巻　民間信仰の形態と機能』未來社、二〇〇〇年
2　杉本悠樹「富士北麓の溶岩洞穴」『富士山世界遺産講演会』山梨県立大学地域研究交流センター、二〇一三年
3　小山真人「富士山の歴史噴火総覧」荒牧重雄ほか編集『富士火山』山梨県環境科学研究所、二〇〇七年／杉本悠樹「延暦・貞観の富士山噴火」『富士山世界遺産講演会』山梨県立大学地域研究交流センター、二〇一二年
4　西岡芳文「中世の富士山─「富士縁起」の古層をさぐる」『日本中世史の再発見』吉川弘文館、二〇〇三年／同「新出『浅間大菩薩縁起』にみる初期富士修験の様相」『史学』七三（一）、二〇〇四年／同「富士山をめぐる知識と言説」『立教大学日本学研究所年報』五、二〇〇六年
5　上垣外憲一『富士山　聖と美の山』中公新書、二〇〇九年
6　遠藤秀男「富士信仰の成立と村山修験」『富士・御嶽と中部霊山』名著出版、一九七八年
7　植松章八「東泉院とかぐや姫」『六所家総合調査だより』2、二〇〇八年
8　岡本貴久子「明治期日本文化史における記念植樹の理念と方法」『総研大文化科学研究』10、二〇一四年
9　『恩賜林と保護団体』山梨県恩賜林保護組合連合会、二〇一二年

「絹本著色富士曼荼羅図」室町時代　国指定重要文化財　富士山本宮浅間大社蔵

歌川国輝（二代、1830～74年）「富士山諸人参詣之図」江戸時代末期　山梨県立博物館蔵

上：葛飾北斎（1760～1849年）『冨嶽三十六景』より「神奈川沖浪裏」江戸時代（19世紀）　東京国立博物館蔵
下：葛飾北斎『冨嶽三十六景』より「甲州石班澤」（藍摺）江戸時代（19世紀）　山梨県立博物館蔵

秦致貞筆「聖徳太子絵伝」(部分) 平安時代(1069年) 東京国立博物館蔵

上：(伝)雪舟(1420～1506年)筆、詹仲和賛「富士三保清見寺図」室町時代(15～16世紀)　永青文庫蔵
下：狩野探幽(1602～74年)筆「富士山図」江戸時代(1667年)　静岡県立美術館蔵

上：谷文晁（1763～1841年）筆、徳川家斉（1787～1837年）題「富士山中真景全図」（部分）
江戸時代（1795年）　静岡県富士山世界遺産センター蔵
右下：池大雅（1723～76年）筆「富士白糸滝図」江戸時代（1762年）　個人蔵
左下：酒井抱一（1761～1829年）筆『絵手鑑』のうち「富士山図」江戸時代（19世紀）　静嘉堂文庫美術館蔵

抱一筆

「伊勢物語絵巻」(部分) 鎌倉時代　国指定重要文化財　和泉市久保惣記念美術館蔵

芸術の源泉としての富士山

遠山敦子
静岡県富士山世界遺産センター館長

概観

富士山は、駿河湾の海浜からなだらかな曲線を描いて立ち上がり、一気に三七七六メートルの高さに至り、日本列島のほぼ中央にすっくと屹立する独立峰である。その形姿は、単に美しいばかりでなく、荘厳にして神聖であり、日本のシンボル、日本人の心のふるさととして、古来広く人々から尊崇されてきた。今や海外の来訪者も魅了する世界の名山である。

富士山がこの姿になったのは、約一〇万年前から幾度かの大規模な噴火をくり返し、山容を次々に変化させながら今に至った成層火山であるがゆえである。いわば自然界が長年かかって造り出した奇跡の一つである。その自然美ゆえに、当初世界自然遺産としての登録を目指して運動が起きたのは当然でもあった。しかし、富士山をめぐり人間の営みが損なってきた環境条件などの諸情勢はそれを許さず、世界自然遺産登録が不可能となったのは、二〇世紀末である。

その後二一世紀の初め、世界遺産化を熱望する民間の真摯な動きもあり、静岡・山梨両県が本格的な取り組みを始め、文化庁や関係省庁、各分野の専門家や地域の地方自治体関係者の協力によって、ついに世界文化遺産として登録が実現した。二〇一三年六月のことであり、今年は五周年記念にあたる。

では、世界文化遺産としての富士山の普遍的な価値とは一体何なのか。これについては、関係者によって真剣な検討が続けられた結果、富士山は日本の歴史上、長く人々の「信仰の対象」となり、日本が誇る文化「芸術の源泉」となってきたことに集約されることとなった。これを理論づけ、実証することによってユネスコの厳しい評価基準の二つの項目が認められ、また二五の構成資産を定めることによって、ユネスコの世界遺産委員会の厳密な審査を通過することができた。

本稿では、富士山が日本文化の中心としての「芸術の源泉」として、どのように位置づけられ、どのように芸術家や国民の間で受け継がれ発展してきたかに焦点をあてる。富士山を機縁とする日本の芸術は、歴史上無数ともいえる作品群を生み出し、今日もなお多くの芸術家や国民が富士山を題材にした造形や執筆を続けているという、格別の特色をもっている。芸術の様式も、詩歌、文学、絵画、工芸、建築、造園にとどまらず、伝統芸能など多岐にわたるが、ここでは、絵画と文学を取り上げて説明する。

富士山が噴火を続け、荒ぶる山として人々に畏敬の念を与え始めていた頃、すでに八世紀の初めには、『万葉集』に歌人山部赤人が「天地(あめつち)の　分かれし時ゆ　神さびて　高く貴き　駿河なる　富士の高嶺を」から始まる長歌と反歌を残した。その歌は富士山の荘厳さ神聖さを格調高く詠いあげ、今日でも人々の心に響く力をもつ。まことに、芸術の力の強さを認識させられる。絵画では聖徳太子が富士山の上を黒駒に乗って越えゆく姿が一一世紀の初めに描かれている。その後時代の変遷に応じて、様々な絵画様式の発展をみた。葛飾北斎、歌川広重の冨嶽を描いた浮世絵が一九世紀末のヨーロッパに与えた影響の大きさは計り知れない。これら豊饒な芸術作品は世界遺産の構成資産ではないが、文化的価値を証明する日本の宝として末永く燦然と輝き続け、芸術の源泉としての富士山の意義を伝えていくであろう。

富士山の絵画史

人々に畏怖の念を与え、ときに篤い崇敬を集めてきた聖なる火山――富士。噴火をくり返し溶岩流ですべてを焼きつくす荒ぶる姿とは対照的に、白雪をまとい優雅に稜線を垂下させる麗しい姿は、古来絵姿に頌えられてきた。ここでは富士山の絵画史について、江戸時代の作品を中心に概観していく。

富士山絵画の前史――平安・鎌倉時代

ジャンルとしての和歌が確立された平安時代には、やまと絵屏風に描かれた名所や景物を詠じた屏風歌も隆盛をみる。もっとも平安京に都したこの時代、はるか東に位置する富士山は名所として主流ではなかった。

一方、富士山は、「聖徳太子絵伝」【28頁】などにモティーフを提供する。「聖徳太子絵伝」は『聖徳太子伝暦』を絵画化したもので、延久元（一〇六九）年秦致貞筆の東京国立博物館本（法隆寺旧蔵）が現存最古の例である。ここには二七歳の折、甲斐国から献ぜられた黒駒に乗り富士山の頂に登った太子が描かれる。

このほか鎌倉時代の現存例としては「伊勢物語絵巻」や「一遍聖絵」（清浄光寺）などにも富士山

が登場する。ただこれらはあくまでも物語・縁起中のエピソードとしての富士山であり、単独の絵画主題としての富士山が現れるまで、しばらく待たなければならない。

富士山絵画の黎明期——室町・桃山時代

禅宗が招来され、室町時代、五山や足利将軍周辺で中国文化が愛好されるようになると、唐物としての水墨画が輸入され、日本人の画僧によっても水墨画が描かれるようになる。こうしたなか富士山は、水墨画の主要モティーフとして表される。単独の絵画主題としての富士山図の黎明（あけぼの）である。

室町水墨画に描かれた富士山図では、〈宋元画〉に由来する中国風の環境設定に平安・鎌倉期以来やまと絵の伝統として描き継がれてきた三峯型の富士山がパッチワーク（接合）される。

その代表例が三保松原と清見寺を右左に配した（伝）雪舟筆、詹仲和（せんちゅうわ）賛「富士三保清見寺図」（永青文庫）【29頁】である。「渡唐富士」と愛称される同作は、雪舟が明国に渡った折に皇帝の命により制作し、寧波の文人詹仲和の賛を得たのち日本に持ち帰ったという伝承をもつとともに、室町時代の富士山絵画のメインストリーム（主流）を形成した。

室町時代には、大画面のやまと絵屏風も多く制作されるが、このなかには「富士三保松原図屏風」（静岡県立美術館）のような作例も描かれる。また桃山から江戸時代初め、やまと絵屏風に画題を提供した作品として「武蔵野図屏風」諸本もあげられる。同作は「武蔵野は月の入るべき山もなし草より出でて草にこそ入れ」の和歌に淵源をもつもので、芒のなかに沈む月とともに富士山を描写した〈工芸的〉画趣の装飾性豊かな作例である。

以上のように室町・桃山時代、富士山は単独の主題として描かれるようになった。

富士山絵画、型の成立と展開――江戸時代前期

江戸時代初め、徳川将軍に近侍し、その画用をつとめたのが狩野探幽（かのうたんゆう）。以後、奥絵師四家を筆頭とする江戸狩野派は、将軍家の技能官僚として江戸時代を通じて画壇の主流を担っていく。

日本最初の絵画史の書『本朝画史』にも「一変」と評されるように、狩野探幽は和漢の画風、すなわち中世以来のやまと絵と水墨画を総合しながら、それまでの絵画史を変革し、新しい規範を樹立した。それは狩野派の新様式であるとともに、徳川将軍の〈王朝絵画〉としても機能した。

新様式を確立するにあたり狩野探幽は雪舟画風を模範としたが、探幽以下の狩野派画家たちは、前述した（伝）雪舟筆「富士三保清見寺図」についても多くの縮図や模本を残し学んでいる。

一方、探幽は三保松原と清見寺を右左に配した（伝）雪舟画の構図に倣い、新しい富士山絵画の定型を編み出す。「富士山図」（静岡県立美術館）【29頁】に代表される探幽の定型は、淡彩を中心とした瀟洒淡泊な画趣の「新やまと絵」といわれる様式で描かれている。

探幽が編み出した定型は、探幽自身によって再生産されるとともに、狩野常信ら後の世代の狩野派画家によっても描き継がれ、江戸絵画史を貫くメインストリームを形成していく。

探幽様式による富士山図は、将軍の起居の場である江戸城本丸御殿中奥休息の間上段の間の障壁画として描かれるなど、徳川将軍の権力と権威――「御威光」の象徴としても機能した。

富士山絵画の百花繚乱――江戸時代中後期

一八世紀も過ぎ江戸時代も中期を迎えると、京坂を中心に新しい絵画運動が湧き上がってくる。

平明な写生画により一世を風靡した円山応挙は、近代日本画を予言するような「富士三保松原図」（白鶴美術館）や、墨のにじみを効果的に使いつつ駿河湾を覆う霧に浮かぶ富士山を再現した「富士

三保松原図」（千葉市美術館）など、ときに人の意表をつくような斬新な富士山図を残している。

　日本文人画（南画）を大成した池大雅は、「万巻の書を読み、千里の路を行く」という文人の理想を実践し、全国を行脚するかたわら、富士山にも何度か登頂した。はるか彼方に遠望する富士山を描写した「浅間山真景図」（個人蔵）や「富士白糸滝図」（個人蔵）【30頁】は、旅から得られた感興を描写したみずみずしい作品である。

　百花繚乱の京都画壇において、「奇想の画家」と類別された曾我蕭白は「富士三保清見寺図」（個人蔵）や「富士山図」（個人蔵）など夢のなかの幻景のような奇怪な富士山図を残している。

　一八世紀後半から一九世紀にかけては、江戸の画壇も活況を呈するようになり、狩野派では伊仙院栄信・晴川院養信父子や、素川章信、了承賢信など江戸後期の画家が、探幽以来の定型にアレンジを加えながら、多彩な富士山図を紡ぎ出した。

　司馬江漢は、探幽以来の富士山図の型に異を唱え、油彩画や銅版画など西洋画法を自ら再現し、実景に即した富士山図を少なからず伝えている。

　文人画風を中心に西洋画ややまと絵など多岐にわたる画風を総合し、一八世紀後半から一九世紀の江戸画壇に君臨したのが谷文晁である。「写山楼」と号し自ら富士山の画家を任じた文晁は、「富嶽図屏風」（上野記念館）や「富士山図屏風」（静岡県立美術館）をはじめとする傑作を残すとともに、富士登山の過程を克明に描写した「富士山中真景全図」（静岡県富士山世界遺産センター）【30頁】のような作品も手がけている。

　姫路を領した酒井雅楽頭家出身で江戸琳派の画家酒井抱一は、『絵手鑑』（静嘉堂文庫美術館）中の「富士山図」【31頁】のような意匠性に富んだ斬新な作品や「武蔵野富士図」（徳川記念財団）、「四季富士図」（メトロポリタン美術館）のような和歌的情趣に富んだ作品を残し、京の雅を江戸の粋に読み替えた。抱一の高弟鈴木其一も、少なからぬ富士山図を手がけたが、それらは「富士千鳥筑波白鷺図屏風」（個人蔵）のように師の意匠性を奇矯なほどに研ぎ澄ましたもので、目前に迫った近代を予言する。

　江戸を代表する絵画としては、まず浮世絵に指を折らねばならないだろう。富士山は浮世絵の創始者である菱川師宣以下、鳥居清長、喜多川歌麿、鳥文斎栄之、鍬形蕙斎（北尾政美）をはじめとする浮世絵全盛期の画家により、肉筆と版画の双方にわたりしばしば描かれる。

天保二（一八三一）年頃から葛飾北斎が『冨嶽三十六景』【27頁】を版行すると、富士山は美人画や役者絵と並ぶ浮世絵の主要画題となり、歌川広重画『富士三十六景』や歌川国芳画『東都富士見三十六景』のような揃物が後に続く。斬新かつ大胆な構図をもつ『冨嶽三十六景』は、海を渡りジャポニスムの熱狂にわくヨーロッパの芸術家たちに影響を及ぼす。

　前述『冨嶽三十六景』や『冨嶽百景』により富士山の画家として広く認知を得た北斎の絶筆は、富士山であった。その死のわずか三か月前に制作された「富士越龍図」（北斎館）は、晩年に至りさらに飛躍をみせる彼の筆力を今に伝えるとともに、穣り豊かな江戸時代富士山図の白鳥の歌ともいえよう。

富士山絵画のゆくえ——近代、日本美術院の画家たち

　江戸時代が終焉し近代に入ると、幕末狩野派の「二神足」と称えられた橋本雅邦を通じ、富士山図のメインストリームは横山大観、さらに片岡球子ら日本美術院の画家に継承される。

　大観は「群青富士」（静岡県立美術館）のような大正期日本画壇のモダニズムと軌を一にした作品を残すとともに、昭和前半期には「日出処日本」（宮内庁三の丸尚蔵館）、「霊峰不二」（山種美術館）

以下の作品に時代の精神を投影する。サンフランシスコ講和条約締結の翌年にあたる昭和二七（一九五二）年には、「或る日の太平洋」（東京国立近代美術館）を発表し、日本の独立とやがて訪れる繁栄を富士山に託した。

戦後日本画壇に異彩を放った片岡球子は、「めでたき富士」（東京美術倶楽部）以下の「富士山」シリーズを自身のライフワークとし、現代のスタンダードを創出した。

以上のように富士山は平安時代以来、脈々と描き継がれ、日本人の心性と美意識を映し出してきた。その中心を担ったのが、雪舟～狩野派～日本美術院と伝えられた日本絵画史のメインストリームであった。

富士山の文学史

文学の世界においても富士山は、社会の状況やそれを見る人々の想いを反映し、様々に表現されてきた。以降は、上代から近現代までの様相について、時代ごとにその特色を述べていきたい。

上代・中古——未知の山から憧れの山へ

現存最古の富士山に関する文献資料は、八世紀前半成立の『常陸国風土記』筑波郡の条とされている。そこには、神々の親である神祖の尊の怒りを買ったことにより、富士山は冬も夏も雪の積もる、人の登らない山にされてしまったと記されている。

このような富士山に関する伝説は数多く存在するが、孝霊五（紀元前二八六）年に富士山が一夜のうちに出現し、それに伴って近江国（現在の滋賀県）が陥没して琵琶湖ができたという話（伝説の世界では富士山出現の年について諸説ある）や、最初の富士登山者を聖徳太子や役行者（えんのぎょうじゃ）とするものなどが有名である。

『万葉集』には、長歌・短歌あわせて一一首の富士山詠が収められているが、なかでも山辺赤人の、

田子の浦ゆうち出でてみればましろにそ富士の高嶺に雪はふりける

は、富士の山容を仰ぎ見た感動が素直に表現されていて名高い。

和歌の世界での富士山は、『古今和歌集』仮名序に「富士の煙によそへて人を恋ひ」とあるように、火山活動に例えて恋の心を詠む歌枕であり、それは噴火活動が収まった後も、定型としてそのまま詠み継がれていくこととなる。

また、九世紀の漢文学者・都良香（みやこのよしか）が記した「富士山記（ふじさんのき）」（『本朝文粋』収載）は、山頂の様子や山名の由来を伝える貴重な資料である一方で、神仙や天人の遊ぶ神秘の山として富士山を描写するものとして、新たな富士山文学を生み出す源ともなっていく。

物語文学に目を転じてみると、一〇世紀初め頃に成立した『竹取物語』では、月の世界へと帰って行くかぐや姫からの手紙と不死の薬を焼く場所として、帝が選んだのが富士山頂であった。『伊勢物語』第九段東下りでは、都落ちしていく一行は、旧暦の五月を過ぎても雪の残る山体に驚き、さらには、

比叡の山を二十（はたち）ばかり重ねあげたらむほどして、なりは、塩尻のやうになむありける

と、大きさや形を表現している【32頁】。

これらの文学の記述は、富士山から遠く離れた都の人々にとって、未知の山である富士山についての知識と憧れを植えつけていったと考えられる。

さらに、ここで見てきたような文学の世界は、前述のように絵師によって絵画化され、視覚的なイメージを伴うことで、相乗的に富士山の芸術世界を作り上げていくこととなるのである。

中世――実見できる山へ

源頼朝により幕府が鎌倉に開かれたことにより、都と東国を行き来する人々が増え、富士山の文学も活況を呈することとなる。東国へと下る歌人たちは憧れの歌枕である富士山を目の当たりにし、その感動を紀行文によって筆に留め、新たな富士山詠も数多く生み出された。特に富士山にゆかりの深いのが一二世紀に活躍した歌僧・西行(さいぎょう)で、

風になびく富士のけぶりの空に消えてゆくへも知れぬわが思ひかな

は、恋の歌とも述懐の歌とも解されるが、この歌が生涯で一番の出来だと自ら述べたと伝えられ、西行と富士山との結びつきを一層強めるエピソードとなった。

富士の裾野は一四、一五世紀にかけて多様な物語の舞台となり、『曽我物語』で曽我兄弟が仇討ちを果たす場所として描かれ、『富士の人穴』は、『吾妻鏡』に記される新田四郎忠常の富士の人穴探検に材を得て地獄巡りの物語に仕立てられている。

さらに、富士山は能楽にも重要な題材を提供している。なかでも三保松原を舞台とした能「羽衣」

は、羽衣を返してくれた漁師に対して、天女が美しい舞を舞いながら富士の彼方に消えていくという内容で、現在でも多く上演され親しまれている。

近世——日々仰ぎ見る山へ

江戸の地に幕府が置かれ、文化の中心が徐々に東へと移っていった近世期には、富士山は「江戸の名物」「江戸名所」になり、日々仰ぎ見る馴染み深い山へと変化していった。文学においても、崇高な、あるいは荒ぶる山としてよりは、人々の富士山に寄せる親しみが感じられる表現が多く見られるようになる。

一七世紀の漢詩人・石川丈山は漢詩「富士山」で、「白扇倒（さかしま）に懸かる東海の天」と、富士山を日本の空に逆さまに掛けた白い扇に見立て、人口に膾炙するものとなった。同時期の俳人・松尾芭蕉

平成27年三保羽衣薪能「羽衣」
撮影：羽衣まつり運営委員会

は「霧時雨富士を見ぬ日ぞおもしろき」と旅のなかで詠んでおり、歌舞伎でも「仮名手本忠臣蔵」の道行や「伊賀越道中双六」（ともに一八世紀）などで、東海道を代表する風景として登場する。

近世初期以降、富士山は三国（インド・中国・日本のことだが、広く世界全体を指してもいる）一の山という意識も広まっていく。また、朝鮮通信使やオランダ商館の関係者など日本を訪れた外国人たちの紀行文でも、富士山は描写され称えられている。ここからは、日本一の山から世界の名山へとの道筋が、近代以前からすでに用意されていたことがうかがえるのである。

近・現代――多様な思いを受け止める山へ

近代以降、西洋の考え方が移入され、文学の世界にも様々な変化が見られるようになり、多様な富士山観が示されていく。

近代の文豪・夏目漱石が著した『三四郎』には、日本には誇るべきものは富士山しかないとの一

小川破笠画「松尾芭蕉肖像」
江戸時代（1738年）
早稲田大学図書館蔵

節があり、痛切な文明批判の引き合いに出されている。

同時代の正岡子規は、富士山に関する多くの短歌・俳句を残しているが、病床にあって

足たたば不尽(ふじ)の高嶺のいただきを雷(いかずち)なして踏み鳴らさましを

と、富士山への憧れと無念な気持ちを詠っている。

太宰治は『富嶽百景』のなかで「富士には、月見草がよく似合ふ」と記し、新田次郎は、厳冬期の富士山頂で気象観測を果たした野中到(いたる)と妻・千代子の実話をもとに『芙蓉の人』を書き上げた。幸田文は、高齢に至ってから大沢崩れを実際に歩き、随筆『崩れ』に実感のこもった一文を残すなど、古典文学には描かれ得なかった富士山の姿とそれを見る人々の諸相が映し出されるようになっていく。

世界遺産センターを核とする今後の取り組みの深化

以上絵画史と文学史の一端を述べてきたが、世界文化遺産としての富士山については、その自然、環境、歴史、信仰、芸術など全てにわたり、今後さらに研究を深めることによって、富士山という存在のもつ意義と価値を高めていきたいと考える。

幸いにまず二〇一六年六月山梨県に設置され、ついで二〇一七年末静岡県に創設された二つの富士山世界遺産センターは、富士山について内外からの来訪者に富士山に関する様々な知見を広く伝える拠点となるとともに、その根底に富士山についての諸学を究めることを主な機能としている。

富士山についての諸学問を探求することは、新たな富士山学を切り拓くことにもなる。静岡県のセンターでは、すでに内外の学識者を招いてのシンポジウムを開催するなど研究に着手している。また両県で、構成資産をつなぐための「巡礼路」の研究も進んできている。

これからも、両センターが協力し、及び両県の関連機関とも連携し、「究める」作業を充実し、その成果を発信していくことによって、末永く富士山の美と魅力を守っていく契機としたい。

参考文献

鳥居和之ほか編『日本の心　富士の美』（展覧会図録）、ＮＨＫ名古屋放送局、一九九八年
成瀬不二雄『富士山の絵画史』、中央公論美術出版、二〇〇五年
久保田淳『富士山の文学』文春新書、二〇〇四年。改定版、角川ソフィア文庫、二〇一三年
静岡県立美術館編『富士山の絵画』（展覧会図録）、二〇一三年
松島仁『狩野派絵画と天下人』、ブリュッケ、二〇一八年

世界遺産「富士山―信仰の対象と芸術の源泉」の構成資産

富士山世界文化遺産協議会
入倉博文・内野昌美

はじめに

　富士山は、標高三七七六メートルの日本最高峰を誇る独立成層火山であり、神聖で荘厳な形姿を持つことから、日本を代表し、象徴する山岳として世界的に著名である。

　富士山は、大きく分けて四つの異なる火山が重なってできていると考えられている。まず、約四〇万年前~約一〇万年前に、現在の富士山の南麓に隣接する愛鷹山などの周辺火山とともに「先小御岳火山」が形成され、これを覆うように標高約二五〇〇メートルの「小御岳火山」が形成された。次いで、約一〇万年前には小御岳火山のふもとに「古富士火山」が誕生し、爆発・噴火および山体崩壊を繰り返しつつ、小御岳火山をほぼ覆い尽くし、標高三〇〇〇メートルを超える火山として成長した。さらに、約一万年前以降は、現在の富士山(「新富士火山」)が古富士火山の北西山腹付近から大量の溶岩を噴出し始め、やがて古富士火山を完全に覆い尽くすまでに成長した。こうして、約五六〇〇年前~約三五〇〇年前までには、ほぼ現在の富士山の形姿が形成された。

表1 構成資産と構成要素

No.		構成資産と構成要素	ふりがな	所在地
1		富士山域		
	1-1	山頂の信仰遺跡群		山梨県・静岡県
	1-2	大宮・村山口登山道（現在の富士宮口登山道）	おおみや・むらやまぐちとざんどう	静岡県富士宮市
	1-3	須山口登山道（現在の御殿場口登山道）	すやまぐちとざんどう	静岡県御殿場市
	1-4	須走口登山道	すばしりぐちとざんどう	静岡県小山町
	1-5	吉田口登山道	よしだぐちとざんどう	山梨県富士吉田市・富士河口湖町
	1-6	北口本宮冨士浅間神社	きたぐちほんぐうふじせんげんじんじゃ	山梨県富士吉田市
	1-7	西湖	さいこ	山梨県富士河口湖町
	1-8	精進湖	しょうじこ	山梨県富士河口湖町
	1-9	本栖湖	もとすこ	山梨県身延町・富士河口湖町
2		富士山本宮浅間大社	ふじさんほんぐうせんげんたいしゃ	静岡県富士宮市
3		山宮浅間神社	やまみやせんげんじんじゃ	静岡県富士宮市
4		村山浅間神社	むらやませんげんじんじゃ	静岡県富士宮市
5		須山浅間神社	すやませんげんじんじゃ	静岡県裾野市
6		冨士浅間神社（須走浅間神社）	ふじせんげんじんじゃ（すばしりせんげんじんじゃ）	静岡県小山町
7		河口浅間神社	かわぐちあさまじんじゃ	山梨県富士河口湖町
8		冨士御室浅間神社	ふじおむろせんげんじんじゃ	山梨県富士河口湖町
9		御師住宅（旧外川家住宅）	おしじゅうたく（きゅうとがわけじゅうたく）	山梨県富士吉田市
10		御師住宅（小佐野家住宅）	おしじゅうたく（おさのけじゅうたく）	山梨県富士吉田市
11		山中湖	やまなかこ	山梨県山中湖村
12		河口湖	かわぐちこ	山梨県富士河口湖町
13		忍野八海（出口池）	おしのはっかい（でぐちいけ）	山梨県忍野村
14		忍野八海（お釜池）	おしのはっかい（おかまいけ）	山梨県忍野村
15		忍野八海（底抜池）	おしのはっかい（そこなしいけ）	山梨県忍野村
16		忍野八海（銚子池）	おしのはっかい（ちょうしいけ）	山梨県忍野村
17		忍野八海（湧池）	おしのはっかい（わくいけ）	山梨県忍野村
18		忍野八海（濁池）	おしのはっかい（にごりいけ）	山梨県忍野村
19		忍野八海（鏡池）	おしのはっかい（かがみいけ）	山梨県忍野村
20		忍野八海（菖蒲池）	おしのはっかい（しょうぶいけ）	山梨県忍野村
21		船津胎内樹型	ふなつたいないじゅけい	山梨県富士河口湖町
22		吉田胎内樹型	よしだたいないじゅけい	山梨県富士吉田市
23		人穴富士講遺跡	ひとあなふじこういせき	静岡県富士宮市
24		白糸ノ滝	しらいとのたき	静岡県富士宮市
25		三保松原	みほのまつばら	静岡県静岡市

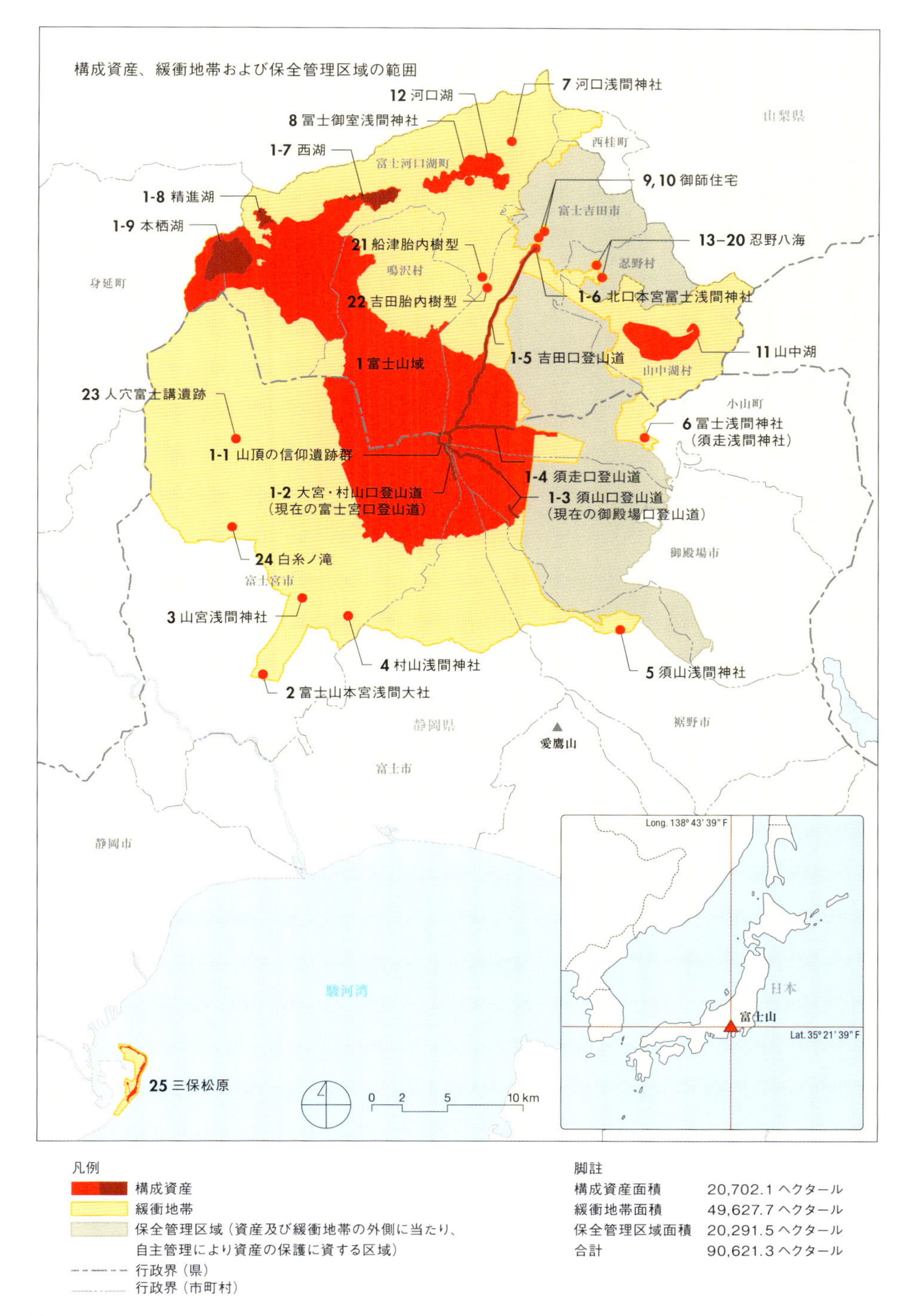

凡例

- 構成資産
- 緩衝地帯
- 保全管理区域（資産及び緩衝地帯の外側に当たり、自主管理により資産の保護に資する区域）
- 行政界（県）
- 行政界（市町村）

脚註

構成資産面積	20,702.1 ヘクタール
緩衝地帯面積	49,627.7 ヘクタール
保全管理区域面積	20,291.5 ヘクタール
合計	90,621.3 ヘクタール

山麓には、繰り返し流出した溶岩により、何層にもわたって溶岩層が堆積し、優美な円錐形の成層火山の裾野が広がった。これらの溶岩流が到達した先端部には、随所に富士山への降水を起源とする湧水が形成された。特に北麓の裾野においては、北側の山地との間の低地に湧水あるいは降水が溜まり、多くの湖沼・湧水地が形成された。

また、溶岩層の内部には、溶岩が流れ下る際に外側から固化して形成された風穴をはじめ、燃え尽きた樹間の跡が空洞となってできた溶岩樹型など、多数の洞穴が形成された。

このように噴火や溶岩の流出を繰り返す富士山は、生命や生活を脅かす恐ろしい存在であるとともに、神秘性を感じさせる山であるため、古くから「遥拝（ようはい）」の対象として崇められてきた。

日本の古代律令国家による統治体制がほぼ完成した八世紀後半以降は、繰り返す噴火を鎮めるために、富士山の火口底部に鎮座する神を「浅間大神（あさまのおおかみ）」として祀り、富士山そのものが神聖視されるようになった。律令国家は、富士山を望むことのできる位置に、富士山に対する遥拝所として浅間（せんげん）神社（じんじゃ）を建立するとともに、山頂部の噴火口底部を居処とする浅間大神に対して、位階を授ける叙位を行った。

また、富士山は、その美しい姿から、様々な創作活動の題材となってきた。日本最古の歌集である『万葉集』および日本最古の物語である『竹取物語』をはじめ、数多の和歌・物語などの文学・絵画の題材となった。特に、一二世紀後半に日本の政治的中心地が京都から鎌倉へ移動し、富士山の南麓を通過して二つの都市を結ぶ街道の往来が増加するにつれ、富士山という成層火山に関する情報は多くの人々により記録され、その存在が広く日本全土に知られるようになった。

一二世紀頃に噴火活動が沈静化したことにより、富士山は、「修験道の道場」となり、浅間大神の霊力を獲得するために厳しい修行を行う山岳へと変化した。さらに神仏習合思想の普及に伴い、富士山の山頂部は「仏」が「神」の形となって現れる場所として認識された結果、山頂部へ到達することが重要な意味を持つようになり、一五～一六世紀には、修験者に引率された一般庶民（道者）の信仰登山が盛んとなり、富士山は「登拝」する山として広く知られるようになった。

さらに、江戸時代中期には、「富士講」と呼ばれる富士山信仰が関東を中心に大流行した。信者たちは、山頂への登拝に加え、かつて指導者が修行を行った富士山麓の風穴・溶岩樹型・湖沼・湧水地・滝などの霊地を巡る「巡拝」を行うことを通じて、富士山を居処とする神仏の霊力を獲得し、穢れを落とし生まれ変わることを求める富士山信仰が育まれていった。

芸術面においては、一四～一六世紀以降、富士山を題材とする数多の絵画作品が生まれ、特に一七～一九世紀中頃には、文学・絵画・工芸・庭園等の多様な芸術分野において、富士山の形姿を描いた図像が定型化し、さらに多様に表現されるようになった。

江戸時代に制作された浮世絵では、葛飾北斎が『富嶽三十六景』、歌川広重が『不二三十六景』『東海道五拾参次』で、様々な場所から見た富士山を斬新な構図と鮮明な色彩の下に描き出し、ゴッホやモネなど、印象派や世紀末の芸術家たちに大きな影響を与えた。

このように、富士山の荘厳な形姿が、古代から現代に至るまで、人々の信仰心に結びつき、富士山への崇敬を基軸とする文化的伝統の類い希なる証拠であると認められ（価値基準（iii））、また、富士山の図像が芸術作品にとって創造的感性の源であり続け、西洋の芸術の発展にも顕著な影響を与えたことなどが評価（価値基準（vi））され、富士山は、「信仰の対象」および「芸術の源泉」としての普遍的価値を有するとして、世界遺産に登録された。

本栖湖（中ノ倉峠からの展望）

三保松原

富士山本宮浅間大社

北口本宮冨士浅間神社

河口浅間神社

世界遺産富士山の構成資産

「富士山―信仰の対象と芸術の源泉」の顕著な普遍的価値は、山梨県および静岡県に所在する二五の構成資産により表され、さらに富士山域には九つの構成要素が含まれる。これらは、連続性を持つ資産（シリアル・プロパティ）として、山頂部の区域、それより下の斜面や麓に広がる神社、御師住宅、湖沼、湧水地や滝、溶岩樹型、海浜の松原から成る。

資産の総面積は約二万ヘクタール、緩衝地帯は約五万ヘクタールである。また、富士山においては、資産および緩衝地帯の外側に自主的な管理に努める区域として「保全管理区域」を設定しており、その面積は約二万ヘクタールである。

富士山域は、その神聖性を表す境界の一つである馬返（うまがえし）【註1】より上方の、標高約一五〇〇メートル以上の区域に相当し、芸術作品の源泉となった本栖湖の北西岸に位置する中ノ倉峠【52頁】【註2】および三保松原【52頁】【註3】の二つの重要な展望地点から、山頂およびその左右への稜線の広がりを望見できる範囲を中心として、富士山の形姿を視認する上で不足のない範囲となっている。また、この二つの地点からの展望景観は、ともに①視点となる湖岸の峠または海浜、②展望対象となる富士山、③両者を結ぶ展望線の三つの要素からなり、それらは今日まで良好な関係が維持されている。

富士山の巡礼路は、構成資産などを辿る一本の道ではなく、来訪者各自の出発地や信仰・巡礼の目的に応じて様々な道が使用される複雑な経路の集合体であり、単に平面的な地図だけを眺めていても、構成資産相互の関係性を認知することは難しい。このため、本稿では、構成資産のつながりを考える一つの切り口として、信仰の歴史的変遷に着目し、画期となる事象として、「噴火と遥拝（富士山信仰のめばえ）」、「修験と登拝（富士山信仰の大衆化）」、「信仰の大衆化（富士山信仰の隆盛）」

の三つに区分した上で、各構成資産の成り立ちや富士山信仰における位置付け、資産相互の関連性を紹介していきたい。

噴火と遥拝（富士山信仰のめばえ）

古来、火山活動を繰り返す富士山は、山麓から山頂を仰ぎ見る遥拝の対象とされてきた。現存する浅間神社のうちのいくつかについては、富士山への遥拝地点とされた場所に建立されたと伝えられている。特に、本殿が存在せず、富士山への展望の軸線を重視する山宮浅間神社境内【14頁】の方位感は、富士山そのものを御神体とする、古くからの富士山に対する遥拝の祭祀の在り方を反映しているものとみられる。山梨県側でも、北口本宮冨士浅間神社【53頁】は、当初は社殿がない遥拝所として整備されたと考えられている。

八世紀末期から噴火活動が活発化したため、京都に拠点を置いた律令政府は、九世紀前半に、富士山を御神体とする浅間神社を南麓に建立し、これが富士山本宮浅間大社【14頁】の起源となったと考えられる。

また、八六四年に発生した噴火（貞観噴火）では、溶岩流が本栖湖の一部と剗（せ）の海をせき止め、西湖【93頁】と精進湖【166頁】が誕生した。翌年、噴火を鎮めるために甲斐国に浅間大神を祀る祠が設けられた。この祠は、現在の河口浅間神社【53頁】を指すものと考えられている。貞観噴火により流れ出た大量の溶岩の上には、現在では青木ヶ原樹海と呼ばれる緑濃い原生林が広がり、優れた風致景観の源になっている【61頁概念図1】。

村山浅間神社

冨士御室浅間神社

須山浅間神社

須山口登山道（現在の御殿場口登山道）。写真は須山御胎内入口

須走口登山道

冨士浅間神社（須走浅間神社）

修験者と登拝（富士山信仰の大衆化）

一一世紀後半の噴火を最後に火山活動が休止期に入ると、富士山は、自然の山を信仰の対象とする日本古来の山岳信仰と、中国から伝来した密教・道教（神仙思想）が習合して形成された修験道の修行の場となり、多くの修験者が山中に分け入り、浅間大神の霊力を獲得するために厳しい修行を行う山岳へと変化した。

特に、伊豆山神社（走湯山）で修行した末代上人は、数百度もの登山を行い、山頂に大日寺を建立したとされる。さらに末代上人は、南麓の村山に富士山興法寺（現在の村山浅間神社【56頁】）を開き、この地は「村山修験」と呼ばれる修験道の拠点として発展していった。現在でも、修験者が入山前に身を清めた水垢離場や護摩壇などが残されている。大宮・村山口登山道【162頁】は、当初は村山修験の修験者たちが富士山へ登拝・修行するために開かれた道であった。

また、山梨側の冨士御室浅間神社【56頁】は、富士山中では最も古く建立された神社と伝えられ、修験が集う霊場であったとみられる。その証左として、末代上人と同じく走湯山で修行した覚実覚台坊によって、一二世紀末の銘が残る日本武尊像・女神像が造立されたと伝わっており、山麓・山域の霊場は、現在の県境に関わりなく、修験のネットワークで結ばれていた。

さらに、外来の仏教が興隆し、日本の神々は様々な仏の化身であるとする神仏習合思想（本地垂迹説）が普及するにつれ、富士山の山頂部は大日如来（仏）が浅間大神（神）の姿となって現れる場所と認識され、山頂部へ到達することが重要な意味を持つようになった。そして、修験者に導かれた庶民（道者）の信仰登山が盛んになるにつれ、山頂部において祠堂の造営または仏像・経典等の埋納・奉納が行われた。また、山頂に至った人々は、仏教の曼荼羅に描く仏の世界に擬して、山頂の火口壁に沿って聳えるいくつかの小高い頂部に命名を行い、それらの頂部を巡拝する「お鉢めぐり」と呼ぶ行為を行った。この行為は多くの登山者によって現在も行われており、その舞台となる山頂の信仰遺跡群【161頁】は、登山道とともに富士山に独特の信仰の有り様を示す不可欠の要素となっている。

富士山の登拝活動が大衆化するのに伴って、登山道および山麓の浅間神社は整備され発展をとげた。現在利用されている登山道は、いずれも一四〜一五世紀後半に原形が形成されたものと考えられている。

大宮・村山口登山道は、一般人の登拝が盛んになるにつれて、南麓の富士山本宮浅間大社を起点として、村山浅間神社を経て山頂へ至るようになり、浅間大社境内周辺には、道者のための宿坊が数多く建設された。一六世紀に制作された「絹本著色富士曼荼羅図」【25頁】には、船に乗った道者たちが三保松原を回って上陸し、富士山本宮浅間大社の湧玉池で禊ぎを行った上で、白装束に身を包んで興法寺（村山浅間神社）を経由して山頂を目指す様子が描かれている。

須山口登山道【57頁】は、富士山の南東麓に位置する須山浅間神社【56頁】を起点として、山頂の南東部へ至る登山道であり、現在の御殿場口登山道はこの道を再利用したものである。一五世紀後半の紀行歌文集である「廻国雑記（かいこくざつき）」に「すはま口」と記されている。

須走口登山道【57頁】は、富士山東麓に位置する冨士浅間神社（須走浅間神社）【57頁】を起点とし、本八合目（標高三三七〇メートル）において吉田口登山道と合流し、山頂の北東部へと達する登山道である。一三八四年に鋳造された懸仏（かけほとけ）が、七合目において出土している【61頁概念図2】。

白糸ノ滝

忍野八海（湧池）

船津胎内樹型

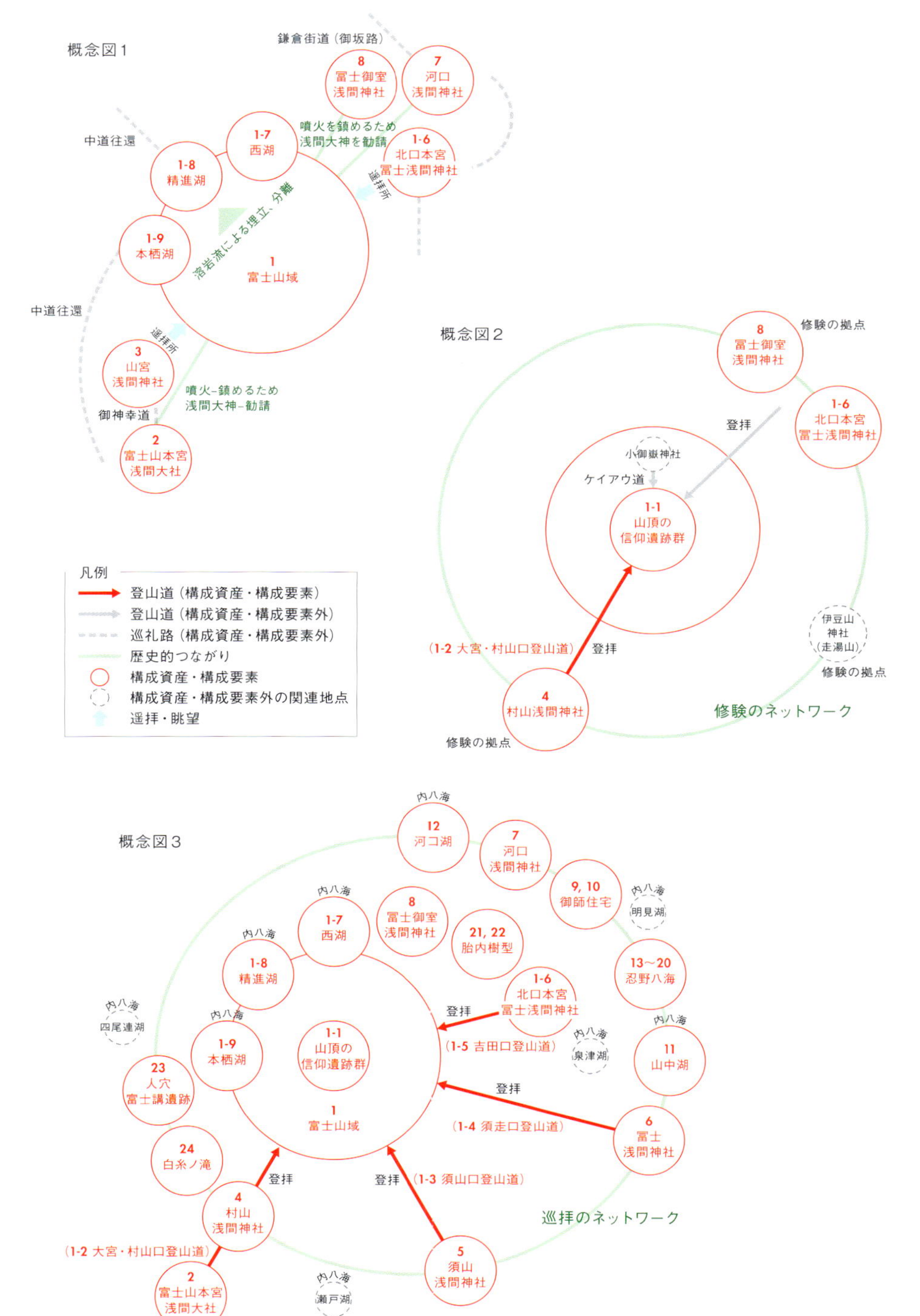
概念図1
鎌倉街道（御坂路）
8
冨士御室
浅間神社
7
河口
浅間神社
中道往還
1-7
西湖
噴火を鎮めるため
浅間大神を勧請
1-6
北口本宮
冨士浅間神社
1-8
精進湖
遥拝所
溶岩流による埋立、分離
1-9
本栖湖
1
富士山域
中道往還
遥拝所
3
山宮
浅間神社
噴火を鎮めるため
浅間大神を勧請
御神幸道
2
富士山本宮
浅間大社
概念図2
8
冨士御室
浅間神社
修験の拠点
1-6
北口本宮
冨士浅間神社
登拝
小御嶽神社
ケイアウ道
1-1
山頂の
信仰遺跡群
凡例
登山道（構成資産・構成要素）
登山道（構成資産・構成要素外）
巡礼路（構成資産・構成要素外）
歴史的つながり
構成資産・構成要素
構成資産・構成要素外の関連地点
遥拝・眺望
（1-2 大宮・村山口登山道）
登拝
伊豆山
神社
（走湯山）
修験の拠点
4
村山浅間神社
修験のネットワーク
修験の拠点
内八海
12
河口湖
7
河口
浅間神社
概念図3
9, 10
御師住宅
内八海
明見湖
内八海
1-7
西湖
8
冨士御室
浅間神社
21, 22
胎内樹型
内八海
1-8
精進湖
13～20
忍野八海
1-6
北口本宮
冨士浅間神社
登拝
内八海
四尾連湖
内八海
内八海
1-9
本栖湖
1-1
山頂の
信仰遺跡群
（1-5 吉田口登山道）
内八海
泉津湖
内八海
11
山中湖
23
人穴
富士講遺跡
登拝
1
富士山域
（1-4 須走口登山道）
6
冨士
浅間神社
24
白糸ノ滝
登拝
登拝
（1-3 須山口登山道）
4
村山
浅間神社
巡拝のネットワーク
（1-2 大宮・村山口登山道）
5
須山
浅間神社
2
富士山本宮
浅間大社
内八海
瀬戸湖

富士講と巡拝（富士山信仰の隆盛）

一七世紀前半、約一五〇年にわたって継続した国内の戦乱状態が終息し、徳川幕府の下で治安の安定と経済的な発展が進み、新たな首都となった江戸の人口は飛躍的に増加していく。江戸に暮らす人々にとって、市中から西方彼方に望見される富士山は、信仰・鑑賞・観光の格好の対象となり、さらに多くの庶民が富士山の登拝を目指すようになった。

一六世紀後半から一七世紀半ばにかけて、人穴（人穴富士講遺跡内）【17頁】に籠もって宗教的な覚醒を得たとされる長谷川角行は、後に富士講と呼ばれる組織的な信仰の基盤を創始したという。そのため人穴は、富士講の聖地として信者から重要視され、今に残る二三〇基以上の石碑塔群が、その信仰の厚さを物語っている。

長谷川角行の信仰は、弟子たちに引き継がれ、そのうち特に、吉田口登山道七合五勺において入定した食行身禄は、多くの庶民の信心を集め、富士講の隆盛を招く契機をもたらした。吉田口登山道【162頁】は、食行身禄が入定の際、信者の登山本道と定めたため、富士講が爆発的に流行した一八世紀後半以降、他の登山道の合計に匹敵するほど多くの登拝者が利用するようになった。登山口の吉田には、富士講信者のために登拝の仲立ちや宿所の提供を行う御師の住宅【20頁】が建ち並ぶようになり、登拝前の参詣の場として北口本宮冨士浅間神社の建造物群が整えられた。吉田口は、現在の富士登山道では唯一、麓から徒歩で山頂に至ることができる道である。

富士道者は登拝だけでなく、長谷川角行らが修行を行ったとされる人穴、山中湖【109頁】、河口湖【7頁】をはじめとする湖沼群、白糸ノ滝【60頁】などを巡拝し、それぞれの場所で修行や禊ぎを行った。特に、富士講の先導者である先達となる人々は、そのような巡礼・修行を行った。

また、これらの巡拝の対象には、八海修行に準えて、「元八湖（もとはっこ）」の名の下に八つの小さな湧水群を巡る忍野八海【60頁】や船津胎内樹型【60頁】および吉田胎内樹型【17頁】などの溶岩樹型も含まれる。胎内樹型は、人の胎内を彷彿とさせる内部の様子から、くぐり抜けることでこの世に生れ増す（生まれ変わる）ことができると考えられた。船津胎内では、現在でも疑似再生を体験できる【61頁概念図3】。

現代に受け継がれる文化的伝統

明治政府による廃仏毀釈や女人禁制の解禁などの政策は、富士山信仰の形態を大きく変えた。さらに、近代化に伴う鉄道・道路網の発達は、より多くの人々に対して登拝・登山の機会を広げる結果をもたらした。

今なお多くの人々が、富士山への「憧れ」を抱きながら、金剛杖を手に、日本一の頂きを目指して登山道を一歩一歩上り詰め、「御来光」を拝み、「お鉢巡り」を行っている。富士登山に対する動機やアプローチの仕方は変わっても、富士山への信仰心は、着実に受け継がれているのである。

註

1　馬返とは、登拝において、馬を用いることが許された限界の地点で、これより上方の区域が神聖な山域であると考えられていた。登拝活動の最盛期に当たる一八〜一九世紀前半の「馬返」は、概ね標高一五〇〇メートルに位置している。

2　本栖湖西北岸の中ノ倉峠は、本栖湖の湖面を前景に山容のほぼ全体を対象とする展望景観であり、写真家の岡田紅葉が一九三五年に発表した『湖畔の春』は、後に紙幣を飾る図像として、広く知られるようになった。

3　三保松原は、海岸から、松原・海浜・海面を前景として、駿河湾の彼方に浮かぶ富士山の二合五勺以上の山容を対象とする展望景観であり、歌川広重の『六十余州名所図会』の「駿河　三保のまつ原」をはじめとする浮世絵の図像ともなり、広く知られるようになった。

山梨県立富士山世界遺産センターの外観

静岡県富士山世界遺産センターの外観　撮影：平井広行

第二章

座談会

五十嵐敬喜　法政大学名誉教授

岩槻邦男　兵庫県立人と自然の博物館名誉館長

清雲俊元　富士山世界文化遺産学術委員会委員

西村幸夫　日本イコモス国内委員会委員長

松浦晃一郎　第八代ユネスコ事務局長

信仰の山としての富士山を見つめ直して

世界遺産委員会からの六つの課題

松浦　富士山が二〇一三年に「富士山―信仰の対象と芸術の源泉」としてユネスコの世界遺産（文化遺産）に登録されました。私たちはその際、「富士山の世界遺産登録は到着でなく出発である」と強調しました。また、富士山の登録に際して世界遺産委員会からいくつかの勧告が出され、いまも日本と世界遺産委員会の間でやりとりが続いています。

そこで、登録後のフォローアップや、世界遺産としての富士山を今後どう管理、展開していくかについて議論をしたいと思います。

西村　富士山は当初、自然遺産として登録するべきであるという議論がありました。そのためには広大な原生自然を保全し、管理しなければなりません。しかし、毎年二〇万～三〇万人が登る富士山では保全・管理が難しく、自然遺産としての登録を諦めざるを得ませんでした。文化的景観としての登録も検討しましたが、やはり広範囲の保全などを考えて断念したという経緯があります。

文化遺産の登録に際しては、世界遺産委員会の決議書に六つの非常に厳しい課題が書かれ、二〇一六年二月までに回答しなければならないという条件が付きました。一つ目の課題は、「アクセスや行楽の提供」と「神聖さ・美しさという特質の維持」という、相反する要請に関連して資産の全体構想（ヴィジョン）を定めること。二つ目は、神社・御師住宅と山麓の巡礼路の経路を描き、人々にどのように認識、理解してもらうか検討すること。三つ目は、上方の登山道の収容力を研究したうえで来訪者管理戦略を策定すること。四つ目は、上方の登山道、山小屋、トラクター道のための総合的な保全手法を定めること。五つ目は、来訪者施設（ビジターセンター）の整備および個々の資産における説明の指針として、それぞれの構成資産を巡礼路全体の一部として認知・理解されるよう、情報提供戦略を策定すること。六つ目は、景観の神聖さおよび美しさの各側面を反映するために、経過観察指標を強化すること、というものです。

全体の課題として、「資産をひとつの存在として、またひとつの文化的景観として管理するための管理システムを実施可能な状態にすること」という指摘もありました。これは、富士山は文化的景観として世界的にもよく知られた事例であるため、今回、日本は文化的景観として登録しなかったが、保存管理に関しては一体的な文化的景観としてのヴィジョンをつくり進めてほしいということだと理解しています。

この六つの課題に対して、登録までは山梨県と静岡県のそれぞれの学術委員会を一本化して検討しました。最終的に提出した回答書はイコモス（国際記念物遺跡会議）から高い評価を得ています。現在はさらに、この回答書を具体化するための議論を続けています。

「文化的景観」という概念

松浦　富士山を文化遺産として登録する際の基盤となるイコモスの評価報告書には、本来は文化的景観として提案するべきだが、開発が進んでいるために二五の構成資産を点で登録せざるを得ない、と結論づけています。このことは、前述の六つの課題と深く関連しています。信仰の山である富士山の二五の構成資産を、専門家だけでなく、地域の人を含めた一般の人々も全体として捉えられるようにするため、行政も努力しなければならない。私はこの点がもっとも重要だと思います。

一九七二年に世界遺産条約が採択されて以来、一〇〇〇以上の世界遺産が誕生しましたが、その八割が文化遺産で、二割が自然遺産です。自然遺産は最初から面の遺産ですが、文化遺産は点の遺産として始まり、徐々に点の集合体になりました。

しかし、ニュージーランドの先住民であるマオリの人々が聖地と仰ぎ、自然と共存して生活してきたトンガリロ国立公園【85頁】は、当時の自然遺産や文化遺産の規定ではうまく対応できず、結局、自然遺産として登録されました。山を信仰の対象とする考え方がヨーロッパにはなかったためです。ところが、それではマオリの人々もニュージーランド政府も納得しませんでした。そこで一九九二年に「文化的景観」という概念が生まれ、自然遺産かつ文化遺産（複合遺産）として登録されました。

トンガリロ国立公園はまったく何もないところです。江戸時代の富士山もトンガリロの山々のようであったのかもしれません。しかし、開発が進んだ現在の富士山では、点の集合体として捉えざるを得ません。その現状を踏まえたうえでイコモスは、点全体を集合体として捉え、富士山が信仰の山として理解されなければならないと指摘しています。これは非常に重要な指摘だと思います。

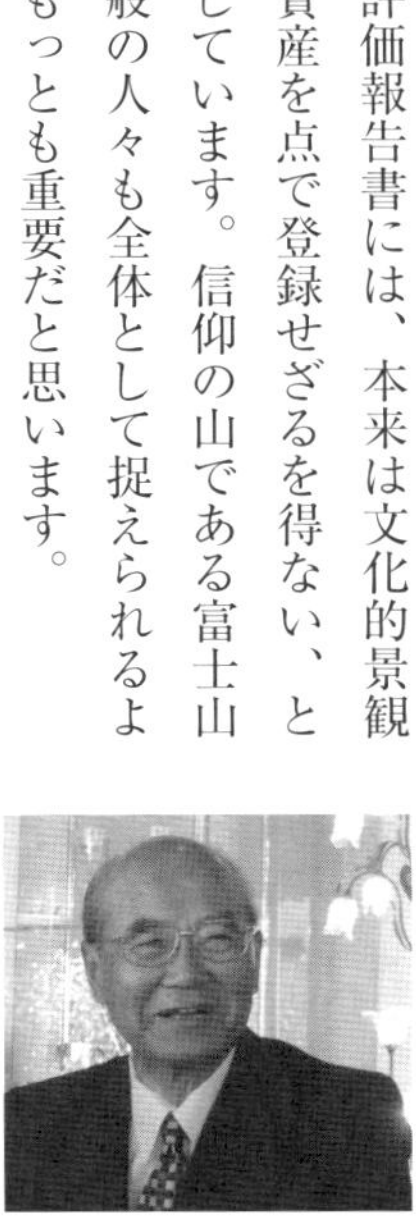

松浦晃一郎

富士山への信仰と日本人の宗教

清雲　「芸術の源泉」という視点に関しては、さまざまなアプローチがありますが、「信仰の対象」については、前面に出てきていない。学術委員会でも内容が具体的に検討されなかった。登録にあたって原点が薄弱になっていた気がします。富士山の姿が日本を代表する霊山としてさまざまな信仰対象として神聖視され、多くの人々が遙拝し、登拝してきたことは確かなことです。しかし、明治の廃仏毀釈運動、神仏分離令などによって、富士山の長い歴史の中で脈々と伝わってきた仏教関係の仏像、仏具が排除され、何百もあった富士講の講社も今日では数社の登拝を見るだけになりました。しかし、日本人には従来から山そのものが仏であり、神であるという考え方があります。

従って、富士山に登ることは神仏の胎内に入り、修行することであり、山頂での御来光（御来迎）を神聖視してきました。富士山の登拝は神仏の霊力の獲得と擬死再生を求める思想と宗教活動が今でも何らかの形で続いていると思います。今日富士山に年間、三〇万人近くの人々が山頂をめざしますが、これは近代アルピニズムに起源するものではなく一七世紀以降の江戸を中心に関東一円に広まった富士講の登拝が、今日まで引き継がれてきたのです。

松浦　富士山が信仰の山であることは、江戸時代までは素直に受け入れられていたと思いますが、現在、富士山に登る人の何割が信仰のために登っているでしょうか。多くの人は富士山という美しい山があるから、日本一高い山だから登っています。しかし、信仰の山として考える必要があります。

清雲　富士山に登る理由は、それぞれの時代の人々の考え方や思想に基づいており、決して同じではありません。美しいから登ることもご来光を拝むために登ることも、現代の信仰の一つの表れだと思います。昔のように金剛杖と行衣を身につけて拝みながら登る人達も、サングラスを掛けて登る人

清雲俊元

達も気持ちの上ではどこかつながっています。信仰とはそういうものではないでしょうか。

富士山の信仰は、最初は自然崇拝のようなものに始まり、やがて修験者が修行のため登拝するようになりました。修験道にも教義としての体系もあり、仏教的なもの、儒教的なもの、道教的なものなどが渾然一体となっております。一六世紀になって修験者の長谷川角行らによって近世富士講の教義が唱えられ、庶民の中に深く教化し、一八世紀になると村上光清、食行身禄（じきぎょうみろく）らによって全盛期を迎えたのです。しかし、明治期に入り、仏教的なものがすべて排除され、神道の施設として再編されました。神道と富士講が教義の上で合致したわけではないのですが、ただ、こうした考え方を外国人に説明するのは至難です。

松浦　西洋的には宗教と信仰は連続していますから、彼らにとって宗教とは信仰心のことです。

岩槻　宗教は一神教で経典があるものですが、日本の八百万（やおよろず）に経典はありません。だから日本人は宗教心がないといわれてしまう。

清雲　しかし、経典がないのが日本人の宗教です。

こぼれてしまった構成資産

清雲　今回の世界遺産登録にあたって、構成資産を決めていくうえで大きなネックになったのが、なんらかの国の文化財指定でなければならないという条件でした。例えば、浅間（せんげん）神社としては古社である、山梨県下吉田の小室浅間神社など他の浅間神社に見られない古い伝統行事をもちながらも国の指定文化財がないため除外されました。また、富士山の伏流水として有名な忍野八海（おしのはっかい）と最も関わりのある忍草浅間神社と天台宗の東円寺なども外れました。また、富士山の豊富な伏流水が湧き出ている「柿田川」についても、伏流水をめぐる村の信仰との関わりをもっと考えるべきではなかったかと思います。

こうした資産を登録できなかったことが、信仰の山として富士山を理解しにくくしている原因の一つかもしれません。

松浦　現在は二五の構成遺産を中心に保全計画その他が進められていますが、指定が漏れているものに関しては、将来の課題として追加登録を目指して見直すことができると思います。ただし、追加登録であってもしっかり絞り込むことが必要ですし、それを推薦する理論付けもしっかり詰める必要があります。

小室浅間神社の筒粥
小室浅間神社（富士吉田市下吉田）では、毎年小正月（1月14日深夜から翌15日未明にかけて）に筒粥神事が執行される。24本の葭の管に入った米粒の量で、作物の豊凶と富士山への道者の多寡を占う

文化遺産と自然遺産の重なり

岩槻　日本の自然遺産には一九の候補地があります。二〇〇三年の検討会で、その中から特に率先して登録に向けた活動をするべきだという場所を三つ（知床、小笠原諸島、琉球諸島）挙げました【84頁参照】。富士山は入っていません。もっとも大きな理由は、登録に対応する価値基準の（viii）と（x）の範囲となる富士山の中腹以下のほとんどは開発されているため、核心地域には入れられないことです。ユネスコの自然（ネイチャー）は原生自然の意味ですので、人為の影響が入っているところは自然遺産として推薦できません。

また、価値基準の（vii）の景観についても検討しましたが、ＩＵＣＮ（国際自然保護連合）は生物多様性などの保全には敏感なものの、美しい景観にはあまり重きを置かない傾向があるため難しいと判断しました。

世界遺産を議論する際に重要なのは、ユネスコに対応して世界遺産登録のための議論を戦略としてきっちり詰めていくことと、世界遺産に登録されたことを起点にして、例えば富士山への信仰について日本人としてどう展開していくのか、ということを分けて議論することです。日本の信仰についてうまく伝わっていないことに対しても、世界遺産委員会からの課題にどう答えるかだけでなく、そうした視点で議論することが重要だと思います。

その点からいえば、富士山は完全に複合遺産の価値を持っているわけですから、ＩＵＣＮへのロビー活動なども含めて、いずれは日本で最初の複合遺産にする動きを始めるべきではないかと思います。

松浦　私も文化遺産の（vii）を適応させ、その延長線で（vi）も適応すると考えてきましたが、これは

世界遺産の価値基準

(i)	人間の創造的才能を表す傑作である。
(ii)	建築、科学技術、記念碑、都市計画、景観設計の発展に重要な影響を与えた、ある期間にわたる価値観の交流又はある文化圏内での価値観の交流を示すものである。
(iii)	現存するか消滅しているかにかかわらず、ある文化的伝統又は文明の存在を伝承する物証として無二の存在（少なくとも希有な存在）である。
(iv)	歴史上の重要な段階を物語る建築物、その集合体、科学技術の集合体、あるいは景観を代表する顕著な見本である。
(v)	あるひとつの文化（または複数の文化）を特徴づけるような伝統的居住形態若しくは陸上・海上の土地利用形態を代表する顕著な見本である。又は、人類と環境とのふれあいを代表する顕著な見本である（特に不可逆的な変化によりその存続が危ぶまれているもの）。
(vi)	顕著な普遍的価値を有する出来事（行事）、生きた伝統、思想、信仰、芸術的作品、あるいは文学的作品と直接又は実質的関連がある（この基準は他の基準とあわせて用いられることが望ましい）。
(vii)	最上級の自然現象、又は、類まれな自然美・美的価値を有する地域を包含する。
(viii)	生命進化の記録や、地形形成における重要な進行中の地質学的過程、あるいは重要な地形学的又は自然地理学的特徴といった、地球の歴史の主要な段階を代表する顕著な見本である。
(ix)	陸上・淡水域・沿岸・海洋の生態系や動植物群集の進化、発展において、重要な進行中の生態学的過程又は生物学的過程を代表する顕著な見本である。
(x)	学術上又は保全上顕著な普遍的価値を有する絶滅のおそれのある種の生息地など、生物多様性の生息域内保全にとって最も重要な自然の生息地を包含する。

残念ながら日本だけで結論が出せる問題ではありません。世界遺産センターが中心になり、ＩＵＣＮとイコモスの三者で議論して相互乗り入れを認めるという結論を出さなければならない課題です。

西村　二〇〇四年にオペレーションのガイドラインが変更され、それまで分かれていた自然遺産の価値基準四つと、文化遺産の価値基準六つを並べ、順番も変えて、現在の一〇の価値基準としました。その主旨には、自然遺産の価値基準と文化遺産の価値基準は別々なものではなく一体のものであるという考え方があるはずです。実際の遺産には自然遺産と文化遺産が重なっているものも多かったからだと思いますし、それ以来、文化遺産のインテグリティ（完全性、統合性）を重視するようになったのも、そのためだろうと思います。また、一九九二年に「文化的景観」の概念が生まれたときに、自然遺産と文化遺産が重なっている世界遺産が動き始めたとも言えます。現在の文化的景観の審査ではＩＵＣＮにも声を掛けています。両者の重なる部分が重要な意味を持ち始めてきています。

統合としての「富士山学」

岩槻　私は「富士山学」の構築を期待しています。しかし、「富士山学」という統合的な学はなかなか理解されていません。

富士山に関するいろいろな情報を寄せ集めるという意味で「富士山学」が使われることもありますが、私の考えはそうではなく、自然科学で取り上げられていることもすべて信仰につながるような学、日本人の自然観そのものが信仰であるといった意味での「富士山学」の構築・展開です。

民族学者の梅棹忠夫が「サイエンスには分析的・解析的につらぬく科学と、文化人類学のようなつらねる科学がある」と言っていますが、情報を寄せ集めただけでは統合にはならない。つらねる必要があります。「つらねる科学」としての「富士山学」が成立すれば信仰の問題がなぜ自然科学では問題にならないのかということも出てこなくなります。その意味での「富士山学」に期待したいと思います。

松浦　私も「富士山学」には大賛成ですが、日本の山の信仰は富士山を頂点にして、吉野三山、御嶽山などいたるところに山岳信仰があります。そこには清雲先生が指摘されたように、日本人の自然に対する考え方や八百万の神など、さまざまなことがあります。「富士山学」はあくまでも一つの中心として捉え、日本の山への信仰全体について組織的な研究を行う必要もありませんんか。

岩槻　それでは宗教学の一つの領域になってしまいます。私の提唱している「富士山学」では、日本人にわかりやすいモデルとして富士山を設定します。他も排除しないので、吉野熊野も四国の遍路も、出てきてもかまいません。しかし、解析するのはあくまでも富士山であり富士山と日本人とする、そのことで自ずと全体も見えてくる、そうした意味での「富士山学」なのです。

岩槻邦男

「富士山法」による新しい空間の創造

五十嵐　「富士山学」のように、私は「富士山法」を提唱しています。ユネスコの決議書でもっとも気になるのは、「二五の構成資産を一体として扱い、その中核は文化的景観であると考えなければいけない、それを体系として提示しなさい」という指摘です。

この視点からみると、日本が回答した指針ではやや弱い気がします。信仰と芸術の山を富士山という「山」自体に限定し、部分的には景観法をつくり、不適切な部分は排除すると書かれていますが、富士山を総合的に見たうえで、人々の暮らす裾野の文化的景観や真性さや美しさについての問題提起はほとんどないからです。景観的によくないものを排除するだけでなく、開発地域を含めた人々の暮らしを積極的につくっていくにはどうしたらよいのかという点についても、何らかの指針が必要だと思います。

さらに言えば、信仰は非常に幅広い概念ですから、いまのままではとりつくしまがありません。一九九三年に静岡県真鶴（まなづる）町で「美の条例（まちづくり条例）」を制定したとき、私たちは地域の中で重要なキーワードとして「場所」「格づけ」「尺度」「調和」「材料」「装飾と芸術」「コミュニティ」「眺め」という八つの観点からまちの有り様を定義しました。そのうえで、真鶴町の美の基準を六九のキーワードにし、それぞれのキーワードに従ってまちづくりをすれば、いずれよい町ができるという基準をつくりました。つまり、不適切なものを規制するための基準ではなく、より積極的によいものを創造していくための基準づくりです。

この考え方を富士山でも取り込み、富士山とその地域の文化をよりよくし、富士山らしい景観をつくるためにはどうしたらいいのかというキーワードを挙げ、そこに落とし込んでいくことで、具体的かつ実践的に文化的な空間価値を創出していく指針を提起する必要があると思います。

具体的には、一般法の中で特区という特別地域が設定できるので、特区として裾野を含む富士山を指定し、そこでは従前の法をいったん白紙に、そのうえでよいものを積み上げていくような新体系をつくっていく。これが「富士山学」や「富士山法」につながっていくと思います。

五十嵐敬喜

富士山を「登る」価値

西村　富士山を登ることには、草山から木山に行き、焼山つまり死の山に行き蘇るという考え方がありま す。現代では五合目の岩山から登り始めていますが、本来の考え方からすれば裾野から登らなければなりません。一合目から五合目までを強化して、裾野を行くことも富士山の登り方の一部分であると強く言う必要があると思います。

また、四〇〇〇メートル級の山に明け方に登り、御来光を見て降りてくるという登り方は世界でも極めて珍しい。それが日本人の現代的な信仰の一つになっています。

現在、富士山に登る人を何人くらいまで許容すべきかという、キャパシティの議論がありますが、御来光を拝みに行くという信仰の行為として考えると、すし詰めの状態で寝泊まりしたり、山頂の直前で渋滞してなかなか登れないという事態が望ましくないことは明らかです。そこから考えれば許容範囲のイメージができるのではないか。つまり、原点である信仰からもう一度考えることで、イコモスの指摘をテクニカルにクリアしていくだけではなく、そこを超えた精神的なところにもつながる議論ができるのではないかと思います。

松浦　とかく三〇万人の登山者についてばかり注目されがちですが、富士山には登れない、あるいは登らないけれど周辺に来ている年間二〇〇〇万人の存在も重要です。この人々にも富士山の価値をわかってもらうために富士山センターは重要ですが、さらに、構成資産やそれに準ずる建物や自然の全体像が一般の人たちにもわかるような説明が必要です。つまり、頂上に行っただけではわからないことが、センターに行けばわかることも重要だと思います。

五十嵐　四国遍路を視察した際に、「お遍路さん」は人間存在として文化や景観と接触しながら自らの力

西村幸夫

を頼りに歩く、そのこと自体に価値があると感じました。

四国遍路は、一時は観光バスでいっぱいでしたが、最近はだんだん「歩き遍路」が増えてきているそうです。富士山でも自力で歩いて登ることにどういう価値があるかをもう少し詰めて考え、それを物的な意味でもサポートする仕組みをつくっていく。四国遍路の「歩く」価値のように、富士山では「登る」価値の意味をもう少し深める必要があると思います。

世界遺産にふさわしい山として

清雲　富士山には近年、保全の問題で導流堤（雪崩を伴った土砂崩れや落石から登山者を守るために設けられた堤）がつくられています。事故が起きたために設置されたのですが、景観としてはふさわしくない。特に富士山の信仰や美しい景観を考えると、今後改める必要があります。少なくとも登る人に違和感のないものにしていくことも大切です。

さらに言えば、一九六四年に麓から五合目まで富士山有料道路（富士スバルライン）ができたために、麓の吉田口馬返しから五合目までの山小屋が全て閉鎖されて多くは倒壊し整理されました。また、二合目には重要文化財の冨士御室浅間神社本殿がありましたが、山小屋がなくなったため、二〇年ほど前に本殿（重文）を富士河口湖町の冨士御室浅間神社境内に移転しました。吉田口登山道に面して残された二合目の拝殿をはじめ荒廃した建物の保存管理が現在問われています。また、五合目には富士山の景観としてふさわしくない建物が多くあり、解決していくべき問題です。

また、五合目の御中道にある大沢室（神殿）の中には近世、近代にわたって関東一円の富士講の道者が富士山に登拝した講社の名前を印した板札「マネキ」がところせましと数百枚、社殿の壁や天井に掲げて伝えています。富士講の全盛期を知る唯一の資料であるので保存を考えたいと思います。このように将来にわたってなんとか保存管理についても考えていかなければならない問題が山積しています。

松浦　私たちは二つの問題に対応していく必要があると思います。一つは世界遺産委員会、イコモスなどからの指摘にどうやって対応していくのか。これは専門家を中心に保全委員会や山梨県・静岡県の担当者、文化庁や環境省も含めてしっかりした対応を期待します。

もう一つは、外国人も含めた一般の人々に対して、富士山の広い意味での信仰の山としての価値を理解してもらい、それを広めていくことです。世界遺産センターはとてもよい取り組みですが、さらに広めていく必要があると思います。

大沢室（神殿）
大沢右岸に所在する室（小屋）。御中道最大の難所大沢を越えた道者が休んだことから大沢休泊所の称がある。室には木花開耶姫命など三神を祀る神殿が付随する

座談会を終えて（2018年1月9日、東京都内）

第三章　富士山の自然と文化的景観

富士山の文化的景観とその背景としての自然

岩槻邦男
兵庫県立人と自然の博物館名誉館長

はじめに

「富士山―信仰の対象と芸術の源泉」は二〇一三年に世界文化遺産に登録された。目標が達成されたからいい、と思う人も、遺産として保全することが重要だと考える人もあるようだが、世界遺産への登録は、その資産の価値を認識し、それを自分たちだけで費消してしまうのではなく、未来の世代に持続的、発展的に引き継ぐ責任を負うことである。それなら、私たちは世界遺産富士山についてどのように対応すべきなのか、今の段階で私が提起したいことのうち、二点をここで取り上げさせていただく。

ひとつは、富士山は文化遺産でいいのか、という点である。文化的景観という表現をとって富士山の評価を定めようとされるが、富士山のその景観は自然の進化の所産であり、そこから芸術的、宗教的感動を得たのは、日本人の自然に対する畏敬の念が深く関わっている。文化は自然環境に影響されて展開するが、富士山に代表されるように、自然の営みに宗教性、芸術性を見出してきた日本人の自然観を強調しようとするなら、富士山は複合遺産であるべきだろう。この日本的な発想をそのまま地球規模でまとめることは大変難しいことであると、私は平均的な日本人以上に意識してはいるが、しかし、この考えは世界遺産についての私の基本的な期待、希望に通じるものである。

もうひとつは、複合遺産であるべきだと考えるのと軌を一にするが、まだまだ知られていないことの多い富士山について、個別の現象の解析は言うまでもないことであるが、統合的に、富士山とは何かを追究する富士山学の推進を期待することである。

自然遺産候補としての富士山

二〇〇〇年に、世界自然遺産に対応する国の機関である環境庁（当時）と林野庁が共同で、「世界自然遺産候補地に関する検討会」を設置し、五回にわたって議論を重ねた結果、国内に一九の候補地を整理し、そのうちの三候補地を、当面登録に向けて推進すべき候補地と認識した。そのうち知床半島と小笠原諸島は、それぞれ二〇〇五年と二〇一一年に登録されており、現在南西諸島の登録に向けて積極的な活動が展開されている。

富士山は有力候補でありながら、この検討会では、至近の三〜五年に登録に向けて活動を行うべき候補地とは認定されなかった。理由は、懇談会の記録（環境省のホームページで閲覧することができる）から明らかであるし、結論を公表した直後に、懇談会の座長だった私が求められて静岡新聞に寄稿した短文を読み返してみても、今でもその時の判断は妥当だったと考えられる。

日本から世界自然遺産に登録すべき候補としてあげられている事実を正しく理解しなかった世間では、自然遺産候補に落選したから文化遺産で、というような表現がメディア関連などでもしばし

世界自然遺産「知床」(2005年登録)の構成資産、カムイワッカの滝(北海道釧路市)

世界自然遺産「小笠原諸島」(2011年登録)の構成資産、兄島の乾性低木林(東京都)

マングローブが広がる西表島の仲間川。「沖縄・奄美」は世界自然遺産登録をめざす

世界自然遺産「屋久島」(1992年登録)

ボルネオ島北部、マレーシア領サバ州にあるキナバル山（2000年登録）

マオリの聖地、ニュージーランドのトンガリロ国立公園（1990年登録）

ばみられた。もちろん、自然遺産で申請するとすれば、指摘された当面の問題点を解決し、優先された三件の登録が終わってから申請が始まるのだから、相当の年数を経てからになる。だから、日本一の富士山を早期に世界遺産にと方針が転換され、文化遺産としての登録を目指し、実際に、二〇一三年には世界文化遺産としての登録が実現した。

世界遺産に登録されるためには、対象の資産が高い価値を持つことを基盤とすることはいうまでもないが、それに加えて、国際的な約束事らしく、世界遺産の価値基準（評価基準）に合致するかどうかの判定に合格する必要がある。そして、世界遺産という認識だから、遺産を大切に守っていきましょうという理念に合っていなければ、登録されるには至らない。たとえ優れた資産であっても、その資産の価値を認識し、大切にすることと、国際機関の求める価値基準に合致することとは全く同じにならないことはありうるし、その齟齬が合理的でないとすれば、解消のための努力が求められるだけのことである。

日本一の富士山だから、というどちらかというと感覚的な観点からではなく、自然遺産候補としての妥当性を、まず、世界遺産登録の価値基準に合わせて評価してみるとどうなるか、簡単におさらいしてみよう。

富士山は誰が見ても素晴らしい景観をもつ。長い歴史の結果として自然が生み出したこの景観を、至宝と呼ぶことに不思議はない。世界遺産の価値基準の（vii）には、「最上級の自然現象、又は、類まれな自然美・美的価値を有する地域を包含する」とある【73頁参照】。この景観を生み出したのは最上級の自然現象であり、類まれな自然美を体現していることに疑問を投げかける余地はない。だったら、文句なしに世界遺産に登録されそうなものだが、一筋縄ではいかないのが地球規模で合意をうるための条件である。

環境省が山頂に設置したトイレ

ボランティアによる富士山の清掃活動

二〇〇〇年に富士山が自然遺産の至近の登録候補に選ばれなかった理由として列挙された問題点には、価値基準の(viii)〜(x)に関するもののほか、登山路の整備、特にトイレなどの設備や、放置されているゴミなどが、景観美をはなはだしく損なっていた点が挙げられていた。山岳地帯の放置ゴミの問題は、その頃から一般的な課題として取り上げられるようになっていたが、富士山に関しては、ゴミの撤去は民間でも公共団体でも熱心に推進され、私自身は自分で確認する機会はないものの、現在ではこの問題は基本的には解消されていると承知しているところである。また、トイレ問題も、施設の整備が図られ、ユネスコから指摘された問題にも十分対応される状態に届いているらしい。

だから、価値基準(vii)に関しては、問題なし、で通りそうなものであるが、現実はどうやらそ

ミヤマヤナギ：ヤナギ科、深山柳で、中部地方以北の本州から北海道にかけての高山、亜高山帯に分布、砂礫地などでは矮性化することもある落葉性の低木、ミネヤナギともいう

オンタデ：タデ科、和名は御嶽山で見つかった蓼の意、中部地方以北の本州と北海道大雪山の高山、亜高山帯に分布、他の植物が生育しない風衝地などに生育するパイオニア植物、イワタデともいう

クルマユリ：ユリ科、東アジアの冷地に分布するが、基準標本は函館で採集された、鱗茎は食べられ、アイヌ族には好まれる、地域によって絶滅の危機に瀕しているところもあり、栽培され、変異型もいくつか認識される

タイツリオウギ：マメ科、レンゲソウと同属、キバナオウギとも呼ばれるように、花は黄色、本州中部以北と北海道に生じ、朝鮮半島から中国に分布、高山から亜高山帯の草地、砂礫地の植物

ムラサキモメンズル：マメ科、紫木綿蔓で、タイツリオウギと同属の種、名前のとおり、花は紫色、富士山に特徴的で、浅間山、東北地方、北海道にも分布、高山から亜高山帯の砂礫地の植物

イワオウギ：マメ科、レンゲソウ属によく似ているが、花序が穂状で長く果実のさやに節があり、近縁の別属、分布域や生育地の状況も、上の２種とよく似ているが、属を見分ける形質ははっきりしている

うではないようで、ＩＵＣＮによる自然遺産の調査では、これはほとんど見向きもされていない。もっとも、景観に美を感じるこころは人によってさまざまで、現代風にいうと、客観的な評価が難しいのかもしれない。

そこで、自然遺産の評価のための他の三つの基準をのぞいてみると、これらに該当する事実は結構あるものの、そのほとんどは富士山の中腹以下の高さのところで見られるもので、人々の生活圏内にあり、世界遺産の核心地域とするだけの面の確保はきわめて難しい。おまけに、平和主義を標榜するユネスコの登録を期待するためには、裾野に広大な演習場を置いているのは好ましくない状況である。

具体的に価値基準を見てみよう。価値基準（viii）は「生命進化の記録や、地形形成における重要な進行中の地質学的過程、あるいは重要な地形学的又は自然地理学的特徴といった、地球の歴史の主要な段階を代表する顕著な見本である」とされる。価値基準（ix）は「陸上・淡水域・沿岸・海洋の生態系や動植物群集の進化、発展において、重要な進行中の生態学的過程又は生物学的過程を代表する顕著な見本である」で、価値基準（x）は「学術上又は保全上顕著な普遍的価値を有する絶滅のおそれのある種の生息地など、生物多様性の生息域内保全にとって最も重要な自然の生息地を包含する」である。

価値基準（viii）の地質学的過程は、富士山でも特徴的な展開が見られ、研究も進んでいるものの、地球の歴史を代表する顕著な見本であるかどうかについては評価の分かれるところである。進化が演じられている例があるかと訊ねられれば、いくつか明示される研究例はあるものの、それは生物学で顕著な現象であるかと念を押されると返事がためらわれる。絶滅危惧種や希少種など、貴重な種が生息する例は多いが、これは中腹以下の、人の暮らしと密接している地域に見られる例が多く、世界遺産の核心地域に指定するのは困難である。それでも、富士山ほどの規模の地域だと、核心地域の線引きをして、それを中心に世界自然遺産の候補とするだけの資産は十分に揃えられることだろう。それだけ、調査研究の実績も積み上げられているという強みがある。

私の個人的な感覚でも、富士山は素晴らしい山である。さらに、私が関わっている研究領域だけで見ても、富士山に生育している生き物たちの研究は、本草学の時代にも、近代科学としての研究の時代に入ってからも、日本列島のうちでも最も先進的な研究が進められた地域のひとつであり、優れた成果が生み出された場所の例である。個々の研究事例をあげれば、現に世界自然遺産に登録されている場所に比してなんら遜色はない。しかし、世界自然遺産の登録に向けて、その事例を集め、一定の面積を確保して核心となる地域を定め、その地域を保全の対象として、法的な担保も得られるようにできるか、と問われれば、不可能ではないにしても、時間をかけ、勢力を集中した対策を必要とすることは明らかである。この課題に関しては、二〇〇〇年の状況と比べて、目立った改善が図られたとはいえないし、図ろうという努力がなされたわけでもない。

日本で初めての複合遺産としての登録を図るのなら、自然遺産としての評価を得る必要がある。実際、富士山の自然環境の価値は高いものであるし、総体としての保全活動が不十分とは言えない。しかし、論じてきたように、世界遺産の価値基準に耐えるかと問われれば、問題点は少なくない。さいわい、富士山は世界文化遺産として登録されているし、世界自然遺産の基準に合うものだけが優れた自然環境だというわけではなくて、自然環境の評価には多様な基準がありうる。私の自然観から言えば、指摘するべき問題点があるとしても、富士山には第一級の自然環境がある。世界自然遺産の相当数を含め、地球上の各地の自然環境を見てきた目からしても、富士山の自然は高く評価したい。今は、その評価を、形式的に世界自然遺産に結びつけるよりも、その価値をすべての人が

森林限界に見るダケカンバ、カラマツの林。独立峰である富士山の森林限界は、2,800～2,900m付近にあり、ミヤマハンノキ、ミヤマヤナギなども見られる。これらが先駆種で、やがてオオシラビソ、シラベ、コメツガなどの林になる

ニホンジカ。最近の日本列島における個体数増加に伴って、富士山でも生態系に絶大な影響が生じつつあり、それでなくても厳しい植生の保全に問題を投げかけている

富士の名を冠る植物
上：富士山を背景に、フジアザミ（キク科。日本のアザミ属でもっとも大きな花を咲かせる）
下左：フジアザミの花
下右：フジハタザオ（アブラナ科の常緑草本）

70年前に絶滅したとされる「クニマス」が生き延びていた西湖

正しく認識し、それが現代人の営為によって劣化させられるようなことがないようにと強く祈念したい。それこそが現代人の未来に向けた歴史に対する責任であると強調したいところである。

文化遺産富士山の背景

文化遺産としての富士山の説明には、その自然の営みに宗教性、芸術性を見出してきた日本人の自然観や文化観が国際的に認められたから、とある。自然の営みに、宗教性、芸術性を見出してきた、といえば、人のこころに訴える真善美が一体となった姿であるといえる。

富士山が日本一の霊峰で、世界に誇る景観を体現していることに疑問をもつ人は、もしあったとしても、余程のへそまがりだろうか。私自身も、富士山が視野に入る場所では、その日の天候を気にし、くっきり見えた日には気分がよくなるのが常である。実際、横浜市内の散歩道でも、都内へ向かう電車の中からも、ごくわずかではあるが、富士山が見える場所があり、その位置に来ると必ず見えるかどうかを確認し、その姿に敬虔な感覚を励起されるのである。これは、全景に接した時の、あの筆舌に尽くし難い感動が、いつでも呼び戻されるためだろうと思っているが、富士山の自然の営みに宗教的感動を覚えてきた日本人の血が私のうちにも脈々と息づいているということか。

文化遺産としての富士山は、「富士山―信仰の対象と芸術の源泉」という名称で登録された。登録されたからめでたしめでたし、というのではなくて、世界遺産委員会からは改善のための課題がいくつか提起されており、日本側の対応とのやりとりが続いている状況と理解する。目標達成のための協働はいい形で展開されるものと期待したい。

世界遺産としての完成度を高めるというのは、対象の資産が人類の（日本人の、ではない）遺産であることを認識し、その健全な保全と発展的な運用に責任をもつことである。護ればいいというものではなく、先人が私たちに遺してくれた資産を持続的に次世代に引き継ぐことであり、私たち自身がその資産の価値を十分に味得する機会が与えられていることでもある。

この遺産、富士山という名称で統括されてはいるが、二五の資産が含まれている。それらの多様な形態の資産が、富士山という霊峰を軸にまとまった姿であると認識されている。持続的な利用のためには、個々の資産の保全も大切であるし、すべての資産を統一的に理解し運用する姿勢も不可欠である。ここで、持続的な利用というような表現を用いると、人という生き物が、あげられている資産を大切に扱って破壊しないようにしましょう、というような印象を与えかねない。ここはいっそ、関係するすべての人は富士山と一体となり、共生していきましょう、という方がわかりやすいかもしれない。

富士山の価値を、二五の個々の資産が寄せ集められたものではなくて、それらが統一されてひとつの文化的景観を形作っているものと理解しようとする。文化的景観を文化遺産の価値基準にしようということではないが、そのような概念が価値基準に通底する考えとしてあるということだろうか。

私自身、富士山から受ける強い感動は、自然現象としての富士山から与えられるものと考えていた。絵画や文学などの芸術作品に現れる富士山の素晴らしさは、自然物としての富士山から受けた芸術家の感動が、作品で示され、その芸術作品に接する私たちがその感動を二次的に受け取るものと理解していた。だから、芸術作品からある種の感動を受けたからといって、実物の富士山に接する際に、芸術作品を通じて、という意識は全くなかった。その意味では、富士山を文化的景観として受容することはなかったのかもしれない。

宗教的な感動についてはもっとはっきりしている。宗教という語はしばしば宗派と同じ意味で使われることがある。言葉の一般的な解釈は別として、自然物のすべてに神が宿るとみなす八百万の神信仰については、ナチュラルヒストリーの調査研究に関わるものにとって、真理を探究するための科学とは、善を求めるこころに通じるものであって、神前に拝礼し、仏殿で祈祷する姿勢と分別不可能で、これこそ宗教心であると信じるものである。

科学の対象として解析できるものは、徹底的に追究し尽くすのが科学であるが、富士山に臨んで受ける感動は、現代科学がもっている手法で解析し、実証することのできないものである。富士山を構成する何か、富士山が示す現象の何かは、自然科学の手法で解析できるかもしれないが、そこで得た断片的な知識を足し算したとしても、富士山に臨んで得る感動の実態を科学的に証明することは、少なくとも今の科学ではできない。富士山に臨む際には、敬虔な気持ちでその麗姿を窺うだけである。そして、世界遺産価値基準（ⅶ）にある「類まれな自然美・美的価値を有する地域」という表現を思い出すのである。芸術家が得る美的感動も、自然科学者のもつ未知のものへの真摯な感動と通底するものがあるのではないかと、勝手に想像するところである。

富士山の登頂を目指す人が、三〇万人に達するといわれ、環境破壊が進行すると危惧されている。いつの時代からか、人の行為＝人為は、自然の反対語と記憶されている。人の存在そのものが自然破壊をもたらすと理解するのである。年間三〇万人の人々が富士を目指せば、富士山の自然が人為の影響を受け、破壊されるのは必然である。その破壊を最少限度にとどめるにはどうしたら良いか、それは学術委員会でも討議され、さまざまな施策に移されているところである。厳密な保全活動が必要なことは、平均的な日本人以上によく理解しているつもりではあるが、ここでも、保全だけが目的になることがないように期待したい。自然が描き出した素晴らしい景観に導かれて、先人は特有の文化を構築してきた。現代を生きる私たちが、その類まれな景観から、もっと素晴らしいものを生み出すのも、この世界遺産に対するもっとも優れた感謝の表出だろう。

文化遺産を保全するための自然環境

文化遺産としての富士山は二五の資産から成り立つ。この世界遺産の保全は、当然のことながら、二五の個別の資産の保全を期待する。この資産が統一されてひとつの全体像を生み出していると認識するのなら、個別の資産のどれひとつが損なわれても、全体像が損なわれることになる。統一的な文化的景観に責任をもつというなら、二五の資産のどれひとつとして損なわないと意識しなければならない。

富士山の自然の営みに宗教的、芸術的感動を励起されたというのだから、文化の高まりを生み出すきっかけになったのは自然の営みだったと認識されている。実際、文化の多様性を生み出すのは自然環境の多様性であるとは、今ではふつうに認められるところである。

文化の所産である文化遺産の資産を保全することは、だから、それを生み出した自然環境を大切にすることに通じる。信仰の対象となる自然の神秘、芸術的感動を与える自然景観、当然ながら、その麗姿の由来を問う好奇心が科学による解を求めることも含めてであるが、富士山の自然の特異性である。

望ましいのは、その富士山の自然が、自然遺産として認識され、世界遺産富士山が日本で初めての複合遺産に登録されることだろうが、先述の通り、戦略として自然遺産に登録するためには、まだ障壁が高い。ならば、少し先の未来への目標に複合遺産登録を目指し、そのための客観的な条件の整備に努めるにしても、直近の課題は、文化遺産としての富士山の背景としての自然をどのように保全するか、だろう。実際、学術委員会には自然科学者も積極的に参加しているということだから、この面への配慮も十分なされていることと理解し、今後もその方向での活動を期待するところである。個々の構成資産の保全と並行して行動が求められるところである。

　遺産を構成する資産のいくつもについて、その保全は関わっている自然の保全と不可分離の関係にある。ここでは、関係する地域の自然の保全は、自然遺産になることとは無関係に、それ自体必要不可欠な今日的な課題であることを指摘しておきたい。

富士山は日本人のこころのよすが

　富士山の自然の営みに宗教的、芸術的感動を励起されたのは日本人である。日本人とは、系統的にひとつにまとまった民族というよりも、日本列島に北から、西から、南から、いろんな時期にいろんな経路を経て移住してきた人たちの遺伝子が混在している集団であるとみなされる。四万年前に始まると推定される定着の時期においてそうだっただけでなく、それ以後も継続的に移住してくる人たちを受け入れてきた。大陸で諍いが生じた時には、大量の難民が日本列島へも渡来してきたようであり、渡来人たちは日本列島に住み着いていた人たちと容易に同化した。そして、暮らしのうちに確立してきた文化には、血縁集団の特性よりは、背景となった自然の影響がしっかりと描き出されていた。

　このような推定は、いろんな領域の研究成果から導き出されるものであるが、富士山に文化景観を打ち立てるのも、文化景観を認めるのも、そこに住んでいる人たちの特性だったのか。その由来を訊ねるのには、個別の領域で描き出される断片的な情報を積み重ねるだけでは成功しない。個別の領域を超えた統合的な視点が求められるところであり、そのためには富士山についての細分された事象、現象の解析をし、その成果を積み上げるだけでは実体の解明には至らないだろう。富士山そのものを知るための富士山学の構築が期待される。さいわい、富士山世界遺産センターが発足し、展示を通じて世界遺産の広報に寄与するのと並行して、研究活動にも力が注がれるという。

最近では、科学研究も、普遍的な原理を知るために、個別の事象、現象を、分析的解析的に追求し、実証によって確認する作業に偏重する。物事の総体を知るためには、知られた事象、現象を統合的に考察し、そのものの成り立ちとあるべき姿を描き出す必要がある。

明治時代に、富国強兵を目指して西欧に追いつけ追い越せと企画、整備された日本の学術体制は、百年の教育の計に沿って、日本の経済力の向上に寄与したのは歴史が示すとおりである。しかし、文系と理系を峻別するなど、物質・エネルギー志向の生き方だけを強調することになってしまった実情も見過ごすことはできない。統合的な富士山学の構築を目指すことは、日本人のいい意味でのこころの伝統を取り戻すためのモデルのひとつであると期待するところである。

本稿には、富士山の自然の紹介にふさわしく、特徴的な動植物の写真を掲載することができた。とくに富士山の生き物の研究に長年取り組んでいる増澤武弘・静岡大学特任教授から貴重な動植物の写真を提供いただいた。記して感謝する。

富士山の文化的景観とは何か

五十嵐敬喜
法政大学名誉教授

はじめに

世界遺産はそもそも「登録」そのものが高いハードルであるが、さらに高いハードルといわれるのが登録後の維持管理である。このことはこれまでもしばしば指摘されてきたが、この困難さや重大さをくっきり浮かび上がらせたのが「富士山」である。富士山は二〇一三年世界遺産に登録された。しかし無条件ではなくそこには世界遺産委員会（以下ユネスコという）によって「宿題」（指摘・勧告・要請）が付されていた。それは「二五の構成資産をバラバラなものではなく、一つの存在としてまた一体的な文化的景観【註1】として管理するためのシステム」を求めるというものであった。

これに対して日本（富士山世界文化遺産協議会）は「富士山ヴィジョン」として回答し、ユネスコはこの回答について「資産の管理や保全に対処するだけでなく、文化的アイデンティティ及び社会的責任の強化を通じて、いかに付加価値を創出し得るかについての優れた模範である」と高く評価した。

本稿は、このような経過の中で語られてきた「文化的景観」について掘り下げて考えてみようというものである。文化的景観という概念は「確定的」なものではなく、その解釈、個別構成資産の性質、その背景にある当該地域の文化歴史と、さらには将来見通しなどによって大きな「振幅」を持っている。

日本が世界遺産登録の過程で直接的に「文化的景観」に取り組んだのは「平泉」とこの「富士山」の二件である。しかしこの二件とも実はユネスコによって却下されている。平泉はその後、文化的景観を削除して登録されたが、富士山では登録時点では認められなかったものが改めて「宿題」として浮上するという複雑な経緯をたどった。それは何故か、ということを考えてみたいのである。

価値基準の問題

周知のように富士山は「富士山の荘厳な形姿と間欠する火山活動が呼び起こす畏怖の念は、神道と仏教、人間と自然、登山道・神社・御師住宅に様式化された山頂へ登頂と下山による象徴化された死と再生を結びつける宗教的実践へと変容した。そして、ほぼ完全に頂上が雪に覆われた富士山の円錐形の形姿が、一九世紀初頭の画家に対して、霊感を与え、絵画を制作させ、それが文化の違いを超え、富士山を世界的に著名にし、さらには西洋芸術に重大な影響を与えた」とされ「信仰の対象と芸術の源泉」として登録された。これを世界遺産の価値基準（評価基準）によってみると、信仰の対象、すなわち修験者や講の人たちの登拝や巡礼あるいは浅間神社などは価値基準（iii）の「現存するか消滅しているかにかかわらず、ある文化的伝統又は文明の存在を伝承する物証として無二の存在」に該当し、葛飾北斎の『冨嶽三十六景』などは価値基準（vi）の「顕著な普遍的価値を有する出来事(行事)、生きた伝統、思想、信仰、芸術的作品、あるいは文学的作品と直接又は実質的関連がある」に該当するというものであった。

さて、本稿のテーマである「文化的景観」に着目して言えば、日本は、この(iii)と(vi)以外にも当初富士山は「名山」(もっともすぐれた山)として価値基準(iv)「歴史上の重要な段階を物語る建築物、その集合体、科学技術の集合体、あるいは景観を代表する顕著な見本」に該当する、として「文化的景観」を挙げていたことに注目しておきたい。国側の責任者として長年登録にかかわってきた本中真主任文化財調査官は、「『富士山—信仰の対象と芸術の源泉』の世界文化遺産への道

平泉(2011年世界遺産登録)の中尊寺。国宝の金色堂は1124年に上棟、創建当時の姿を今に伝える

平泉の毛越寺。大泉が池を中心として浄土庭園と平安時代の伽藍遺構がほぼ完全な状態で保存されている(特別史跡、特別名勝)

のり　価値評価の変遷及び今後の課題について」（富士山世界文化遺産登録推進両県合同会議、二〇一三年）のなかで、富士山の文化的景観に関して、（iii）と（vi）は揺るぎないものとして再確認されたが、これらは「文化的伝統の証拠」「顕著な普遍的意義を持つ芸術作品との関連性」を求めるなど、無形の要素が強調されやすい性質を持つことから、信仰に基づき定式化された景観の典型的な見本として、その有形的な部分を（iv）の下に補強しておく必要があるとの意見も出たと報告している。そして、我が国は、山麓から山頂に至る登山道とその沿道に山小屋・霊地が整備されそれらが数多の曼荼羅・参詣図などの図像に描かれることによって山岳登拝の景観の見本として定着し、名山としての景観の典型を生んだとの観点から、（iv）の下に説明を試みたと述べている。しかしユネスコは、富士山が「信仰の対象」と「芸術の源泉」が融合した存在であることに重要性を認め、日本の（iv）の「名山」の主張に対し、（iii）と（vi）で十分とらえること可能だという見解を示したというのである。

なぜユネスコはこの日本側の主張を排除したか。端的に、二五の構成資産が細かく点在している。これら総体を文化的景観として評価することが可能かどうか、強い疑念があったからではないか。これが今回の宿題につながったというのが大方の見方であった。

文化的景観の具体的内容

一般的に言えば、文化的景観とは人間が自然に働きかけて生み出してきた「景色」を言う。この働きかけは大きく二つに分類することができよう。一つは「聖地」などの様に、自然がほとんどそのまま残っていて、人間がこの自然に対して、何らかの意味付けを与え、作り出しているものである。もう一つは人間が積極的に自然に働きかけ改造する、というものである。例えば庭園、棚田、農村風景などは自然に少し手を加えて、新しい景色などをつくるといったものが考えられよう。

さて今回、富士山の文化的景観として問題となったのは、このうち「聖地」としての文化的景観であり、具体的には、二五の構成資産の以下の四つの分野、

・富士山域
・複数の「登山道」およびその基点となった山麓の「浅間神社群」
・霊地となった山中及び山麓の「溶岩樹型」「湖沼」「滝」「松原」
・「富士山域」に対する「展望地点」など

について、聖地の持つ「神聖性と美しさ」を「一体的」に保全するために、以下の四点、

・裾野における巡礼路の特定
・来訪者の管理
・危機管理
・開発の制御
・経過観察指標の拡大

を検討せよというものであった。

これに対して日本側は、巡礼路の整備、入山規制、避難対策、景観条例の制定、経過観察指標の

拡大について体制構築を行うと回答し、ユネスコは先に見たように「優れた模範である」として高い評価を与えたのである。

傷だらけの富士山

しかし、この応答と評価には若干の疑問がないわけではない。地元住民の生活が、それに限定されているわけではなく、登山だけでなく、新幹線あるいは飛行機からの眺望も、もっと間接的・広域的である。人は誰でも人為的に富士山を富士山全体としてみている。二五の構成資産はその全体のうちの、信仰と芸術の観点から選んだシンボリックな場所に過ぎず、全体的な富士山の文化的景観という視点から言えば、その範囲は、富士山頂から、麓そして海まで含まれる。

そういう目で見ると、山梨県側では富士五湖周辺の乱雑なホテル、観光施設、静岡県側では新幹線から見える工場群などはとても「神聖で美しい」とは言えない。

自然の損傷

富士山が信仰の対象となりかつ芸術の源泉となるのは、最も根源的に言えばそれはストレートにその形姿が「美しい」からである。この美しさはまさしく「自然」がもたらしたものであり、かつて富士山を文化遺産ではなく自然遺産として登録しようという声が上がったのも当然であった。様々な状況により、自然遺産ではなく後に文化遺産として登録されるようになったが、この文化遺産はこの美しい自然遺産があってのことなのである。しかしこの自然が、かなり損傷されている。

もっとも大きくは周知のとおり、自衛隊演習場の存在であり、ここでは日常的に実弾を打ち込むなどの軍事訓練が行われている。これは平和を守るための「ユネスコ精神」と根本的に背理している。もう一つは富士スバルライン（山梨県）と富士山スカイライン（静岡県）であり、これによって富士山は「聖地」から「観光の地」に変質させられ、昔からの信仰の対象としての登拝、あるいは芸術の源泉としての霊感などを破壊している。さらには広大なスキー場やゴルフ場による自然破壊、森林の放置、産業廃棄物やゴミの投棄、そして湧水の減少など、自然破壊が加速度的に進行している、ということを忘れてはならないだろう【註2】。

コミュニティ

富士山ヴィジョンでは「一つの存在としての管理手法としての管理手法を反映した保存・活用」とは、「登拝・巡礼に基づく二五の構成資産の相互のつながりを明確化するとともに、芸術作品に基づく二つの展望地点（本栖湖西北岸の中ノ倉峠、三保松原）から富士山に対する展望・景観を維持し、両者を認知・共有できるようにすること」であるとし、信仰と芸術を二つに分けている。また「山頂への登山、山中での周遊と山麓における観光・レクリエーションなどの適切な調和・共存・融合の戦略・方法へと具体化することが求められる」。このような分離と調和の要請を引き受けるのは「国や自治体といった公的主体だけでなく、地域社会（コミュニティ）の積極的な関与」であるとした。しかし、このような現象の個別的把握と対応には、行政上の対応としてはうなずける部分もあるが、国民全体の観点からみれば若干の違和感が残る。

富士山は個別資産だけでなく、先に見たように全体としてすべて神聖であり且つ美しくなければならない。登山道はコンクリートで固めてはならず、湖沼などは周辺の開発を制御され、自然と共存しなければならない。海岸のテトラポットは撤去されなければならず、麓の町も富士山と一体感のあるものとして秩序づけられなければならないのである。又、観光やレクリエーションは、その地が神聖で美しくなければ持続性を持たないこと自覚しなければならない。そしてこれを実現するためには、コミュニティは実現のための一機関ではなく、まさしく「主体」でなければならず、そのためには国や自治体はその参加や決定権を保障する必要があろう。

さてここまで見てきた、三つの個別論点について、個別対応を超えて包括的な回答を与える可能性のあるのは最も広義な意味での「景観法」ではないか。景観についてはユネスコも「強化が必要とされるのは、実施中の各種措置が構成資産に負の影響を及ぼす可能性のある建築物の大きさ・位置にかかる規制の方法である。原則として、それらは（色彩・意匠・形態、高さ・材料、場合により大きさにおいて）調和のとれた開発の必要性に関係している」と重視していた。日本側も県や市町村は「景観条例」などを定めるようになったと答えている。しかし包括的な回答という点からみると問題が多い。そこでこれは項を変えてみていくことにしたい。

日本景観法と富士山法

県や市町村の景観条例は、以下のように謳う。

・事業者は建築や開発を行うにあたってまず現況や環境の調査を行い、その計画をあらかじめ、県や市町村に提出する。
・県や市町村は、これを受けて専門家などに対し意見を求める。そのうえで問題があれば事業者に「見解」を伝える。

・最終的に計画が見解に従っているかどうかなどを見て、許認可を行う。

なお、これらは新設の場合の対応であるが、既存のものについても広告看板の取り換え、ファサードの色彩や材質の修正などの改良を個別的に指導している。この方法によって悪質な建築や開発をある程度抑制できるようになるというのは事実である。しかし、これで世界遺産としての「文化的景観」を守れるか、あるいは強化していくことができるか、という視点で言えばそれは勿論十分なものではない。

それは第一にこれらの条例の下、文化的景観とりわけ「神聖性」「美しさ」を基調とする景観とはそもそもどのようなものか、という点については何ら具体的なイメージが共有されていないということである。従ってその手法も、明らかに景観を害すると思われる開発を抑制していくというだけの「消極的」なものに過ぎない。そしてその抑制の内容も、法的に強制力があるのは「建築物の高さ（形態）と色彩」だけであり、周辺の自然環境と調和、コミュニティの維持強化などすべて守備範囲外となっているのである。これでは景観を明らかに破壊するという開発を抑止さえしていけば、文化的景観は維持・向上できるのかどうか、という本質的な論点を回避していると言われても仕方がないのではないか。さらにこの問いを景観法だけでなく、景観に関連する他の分野に広げてみると、その脆弱性はより明瞭となる。

その筆頭は何といっても、富士山には個別構成資産、緩衝地帯、保全区域ごとに、文化財保護法、自然公園法、建築基準法や都市計画法などたくさんの法律と文科省、環境省、農水省などなど所管官庁が関係し、それぞれの個別法の趣旨に従ってバラバラないわゆる「縦割り行政」が行われているからである。さらに特に自然にかかわる分野については、許認可だけでなく傷ついた自然の修復や回復を行うについて予算、人員などの確保が必要となるところ、これが十分に担保されないため自然が放置され荒廃していることなどに留意しておく必要があろう。

このような消極的規制と縦割り行政は、言ってみれば日本国家の骨格、すなわち「所有権（開発）の自由」と「各省庁の平等」からもたらされている。

しかも、本来これに抗すべき存在である地元住民にも「開発志向」が強く、また地元住民の意思を代表する市町村の中にもそれを促進する傾向があることは周知のとおりである【註3】。もっと言えば地元住民を代表するはずの市町村自治体の多くが、少子・高齢化の下、今や「消滅自治体」に数えられていることも覚えておきたい。

山中湖の水面に映り込んだ「逆さ富士」（上）と、太陽が重なった山頂部が湖面に映る「ダブルダイヤモンド富士」（下）。このほか、山頂に満月がかかった「パール富士」や、朝日に染まる「赤富士」など、自然現象が富士山に神聖さと美しさを添える　撮影：大森大一

文化的景観の原点は地元住民の富士山の美しさに対する敬愛と誇りである。

筆者はこのような観点から「傷ついた富士山」を癒し、「神聖さと美しさ」を備えた富士山の文化的景観を維持し、持続可能にしていくためにはそれを支える骨太な制度的設計が必要だと考え、特別法（最近では「特区法」として制定される場合も多い）として「富士山法」の制定を提唱してきた【註4】が、その富士山法の必要性が今回より鮮明になってきているのではないかと感じている。この総合的な富士山法のなかでも「文化的景観」は圧倒的な比重を占める。そしてそこでの核心を一言で言えば、文化的景観は従来の法律の様に「守る」だけのものではなく、新たに「創る」というものであるということである。創造法とはどのようなものか？ 今から二十数年前策定された神奈川県真鶴町の「美の条例」【註5】をそのモデルとして想起されたい。同条例では、真鶴町の誇る「美」を六九のキーワードに表し、これを法的に担保したのである。この際、参考としたのが、「創る」について、「体系的な哲学と方法」を提案している元カリフォルニア大学バークレー校の名誉教授クリストファー・アレグザンダーの提唱する「パタン・ランゲージ」【註6】である。これに倣い富士山の文化的景観に関連するパターンを挙げてみると以下のようになる。

聖地

「精神的ルーツや過去との絆は、自分が住む物理的世界によっても支えられない限り、維持できなくなる。

伝統的な社会では、常にこのような跡地の重要性が認められている。山が特別の参詣場所になり、川や橋が神聖な存在になる。建物や木、岩や石などが人々を過去に結び付ける力を持つようになる。だが近代社会では、このような跡地の心理的な重要性が無視されることが多い」

そこで「聖地の大小にかかわらず、またそこが都心か田園かを問わず、聖地を無条件で保護する条例を制定すること。そうすれば、身近な自分たちのルーツが侵されないですむ」

聖域

「境界や寺院とは何であろうか。もちろん、祈願と神霊と黙想の場である。だが人間的な見地からすると、何よりもそれは門口である。人間は教会を通って世の中に出てくるし、教会を通って世界を後にする。しかも人生の重要な段階ごとに、人は何度も教会の敷居をまたぐ」。

「いかなる文化においても、それが近づきにくい何重にも囲われ、人を引き回し、何段も登らせ、徐々に中身があらわれ、一連の門を通過させるような場合のみ、それが何であれ、神聖に感じられるようになる」、そのために「それぞれのコミュニティや近隣で、神聖と思われる跡地を神に捧げる土地とみなし、そこに一連の重囲化した境内を形成すること。個々の境内を門口で明示し、先に行くにつれてより私的に、より神聖になるようにし、すべての境内を通過してやっと内奥の聖地にたどり着けるようにすること」

さらにこれら「聖地」や「聖域」を囲む周辺について、これらの力をより強めるために、大きな門口、禅窓、池と小川、木のある場所、そして地元のコミュニティを活性化するために、カーニバル、街頭の踊り、を大切にしなければならない。また、特に景観にかかわる建物については、四階建て制限、カスケード状や守りの屋根、などを援用すべきであろう。

このようなパターンを開拓することによって、個別資産ではなく富士山全体を、ばらばら行政ではなく統一的な司令部を、さらに上からの行政ではなく、下からの「政治」を行うことができるようになる。

おわりに

世界遺産登録はその大きな転機であった。また富士山ヴィジョンはそれを促進する大きな原動力となるであろう。開発圧力はこれを抑制するだけでなく、そのエネルギーをここにみたようなパターンの生成と実現のために活用することによって、地元はより魅力的で永続的な観光地になり、それはまた、地元住民と自治体が共存し、生き延びていくためのロイヤルロードとなるのではないか。

追記

芸術の源泉の証として葛飾北斎（一七六〇～一八四九）が挙げられている。北斎は周知のとおり『冨嶽三十六景』（後に「裏富士」と称される一〇図を追加）を描いた。この絵画群で、北斎が富士山だけを描いているのは「凱風快晴」と「山下白雨」の二図のみである。残りは当時の庶民・職（大工、船乗り、遊女など）が主役で、富士山は後景に配置されていることに注目したい。これら主役は当時のやや静止的な西洋美術における人物描写と異なり、まるでアニメーションの様に動態的であり、生き生きとしている。芸術の源泉としての「文化的景観」も、このような観点から改めて検証しなおされるべきであろう。また、マルクス主義者の福本和夫が、日本ルネッサンス史論体系の構想のもとに、北斎の画法の秘密を独創的な手法で探り当て、西洋近代絵画にあらわれたジャポニズムを先駆的に解明した名著「葛飾北斎論」（『福本和夫著作集』第五巻、こぶし書房、二〇〇八年）という、ユニークな研究も挙げておきたい。

註

1　文化的景観という概念は一九九二年「世界遺産条約履行のための作業指針」に「文化的景観は、文化的資産であって、条約第一条のいう「自然と人間との共同作品」に相当するものである。人間社会又は人間の居住地が、自然環境による物理的制約のなかで、社会的、経済的、文化的な内外の力に継続的に影響されながら、どのような進化をたどってきたのかを例証するものである」と説明されている。ニュージーランドの「トンガリロ国立公園」が一九九三年、世界で初めて「文化的景観」（価値基準〔vi〕〔vii〕〔viii〕）の第一号として認められた。日本でも二〇〇五年に「文化財保護法二条一項五号」で「文化的景観」（風土に根ざし営まれてきた生活や生業を表す景勝地）として法的に認知されるようになった。

2　渡辺豊博は「富士山は世界文化遺産に登録されてほんとによかったのか。世界の宝物として世界基準の資格と規範を有しているのか、日本国民は富士山を永続的に守り伝えていく覚悟と意志があるのかと不安を覚える」という（『富士山の光と影』清流出版、二〇一四年）。他に、野口健『世界遺産にされて富士山は泣いている』（PHP新書、二〇一四年）なども参照。

3　静岡県三島市は伊豆・富士山への登山口であり、富士山からの豊富な湧水によって「水の都」といわれてきた。しかし三島市は、二〇一八年三月現在、三島駅南口東街区再開発事業として、高層マンションと商業施設の二つの超高層ビル建築を計画している。

4　五十嵐敬喜「富士山法の制定へ」『別冊ビオシティ　富士山、世界遺産へ』ブックエンド、二〇一二年。同稿で、「富士山法」の「理念、重要項目、総有論、計画、実施手法、富士山特区、実現手段」について簡単なスケッチを行った。

5　五十嵐敬喜ほか『美の条例　いきづく町をつくる』学芸出版社、一九九六年

6　C・アレグザンダーほか『パタン・ランゲージ　環境設計の手引』平田翰那訳、鹿島出版会、一九八四年。なお、アレグザンダーは、『ザ・ネイチャー・オブ・オーダー　建築の美学と世界の本質　生命の現象』（中埜博監訳、鹿島出版会、二〇一三年）で、このパタン・ランゲージをさらに進化させ、体系化した。

世界遺産 富士山の自然保護問題

吉田正人
筑波大学教授

富士山は文化遺産か、自然遺産か？

二〇一八年のセンター入試「現代社会」の問題を見て驚いた。「日本の世界遺産のうち、その登録区分が自然遺産であるものの組み合わせとして最も適切なものを一つ選べ」という世界遺産に関する問題が出題されたことにも驚いたが、その選択肢の写真をみると、ア富士山、イ知床、ウ屋久島の三箇所であり、明らかに富士山は受験生を引っ掛けるための選択肢となっている。出題者の意図としては、富士山が文化遺産として世界遺産に登録されたものであり、自然遺産ではないということを正しく理解して欲しいという趣旨かもしれない。しかし、世界遺産条約の成立や運用の歴史的背景を知れば、自然遺産として推薦するか、文化遺産として推薦するかは、絶対的な価値の違いではなく、むしろ人間側の都合である。富士山が自然遺産か、文化遺産かの違いを、あたかも絶対的な違いであるかのように、入試問題に出題し、全国の高校生がそれを暗記するという点に、空恐ろしさを感じたのは私だけだろうか。富士山が自然遺産だと勘違いした受験生に、不正解を突きつけるほどの絶対的な真理がここにあるのだろうか。

二〇一三年カンボジアの首都プノンペンで開催された第三七回世界遺産委員会において、富士山は文化遺産として世界遺産リストに記載された。世界遺産として判断された価値基準（評価基準）は、（iii）信仰の対象、（vi）芸術の源泉の二つであり、文化遺産としての価値を認められて世界遺産となったことは紛れもない事実である。しかし、富士山が自然遺産としての価値がないかといえば、そのようなことはない。

一九九二年に日本が世界遺産条約の加盟国となり、富士山を世界遺産とする連絡協議会・富士山を考える会などが生まれ、富士山を世界遺産とする運動が始まった当初は、富士山を世界自然遺産として登録することを目指していた。一九九五年に「富士山の世界遺産リストへの登録に関する請願」が国会で採択された時も、環境委員会における審議が行われており、静岡新聞社が主催したシンポジウムでもＩＵＣＮ（国際自然保護連合）の専門家をゲストに招いて議論が行われた。しかし、世界自然遺産登録を目指すには、当時の富士山はあまりにも自然保護上の課題が多かった。山小屋のトイレも不十分で、し尿やトイレットペーパーが下流に垂れ流しのため「白い川」と呼ばれたり、富士山麓の森林にもゴミの不法投棄が見られた。五合目まで富士スバルラインが通じ、駐車場に入りきれずに混雑する状況では、世界自然遺産としては生態系が大きな人為的影響を受けずに残されているという「完全性」の条件をクリアすることが難しいと思われた。「富士山が世界自然遺産になれないのはゴミのせい」というキャンペーンは、富士山が世界自然遺産となれない理由を正確に表現しているとは言い難いが、毎日新聞社と富士山クラブの共催による富士山クリーンツアーなどを通じて、多くの人に富士山の自然保護上の問題を周知させる役割を果たした。

二〇〇三年の環境省・林野庁による「日本国内の世界自然遺産候補地に関する検討会」では、富士山は一九箇所の詳細検討地域の一つに入ったが、優先して世界自然遺産登録を目指す三箇所（知床、小笠原諸島、琉球諸島）には入らなかった。これが、「富士山は世界自然遺産候補から落選」と報じられ、世界文化遺産を目指す動きにつながった訳だが、検討会の座長レポートにも注意深く述べられているように、一九箇所の詳細検討地域のうち残りの一六箇所は顕著な普遍的価値を説明するだけの材料が現在はみあたらないが、将来的に新たな事実が見つかれば世界自然遺産候補地となりうる地域であり、「落選」というのは誤解を生む報道であった。しかし、世界自然遺産登録には、相当な準備時間が必要であり、知床は二〇〇五年に登録されたものの、小笠原諸島は二〇一一年に登録、奄美・琉球諸島は二〇一八年の世界遺産委員会での審議であり、二〇〇三年の検討会から一五年もかかっている。

ちなみに富士山が世界自然遺産として登録されるには、当然のことながら自然遺産としての顕著な普遍的価値があることを証明しなくてはならないが、その過程で類似した世界遺産地域や世界遺産候補地との比較検討が必要となる。富士山の場合、成層火山の代表として地形・地質の基準（viii）で登録するには、すでにエクアドルのサンガイ（一九八三年登録）、タンザニアのキリマンジャロ（一九八七年登録）、ニュージーランドのトンガリロ（一九九〇年登録）など、数多くの成層火山が世界自然遺産あるいは複合遺産に登録されており、ロシアのカムチャツカ火山群（一九九六年登録）が世界遺産候補に上がっていた。山麓の溶岩洞窟にすむ真洞穴性生物を含めれば、生物多様性の基準（x）で評価される可能性もあるが、溶岩洞窟の規模は韓国済州島の拒文岳溶岩洞窟系（二〇〇七年登録）には及ばない。一九八二年にＩＵＣＮが発行した『世界の雄大な自然遺産地域

世界遺産の質を有する自然地域の暫定目録』には、日本からは阿寒国立公園、日光国立公園、富士箱根伊豆国立公園が挙げられているが、不思議なことにどれも世界自然遺産となっていない。日

本が世界遺産条約に加盟するのが遅れている間に、世界自然遺産としての重点は、世界的に有名な国立公園よりも、原生的な環境を維持した生態系に移っていたということも言える。

富士山が世界自然遺産という選択をやめて、世界文化遺産を目指したことで、二〇一三年の登録につながったことは確かである。しかし、その過程で自然遺産の価値基準（vii）自然美の適用について、チャレンジする可能性はあったのではないだろうか。ＩＵＣＮは、二〇一三年に『価値基準（vii）の適用に関する研究　世界遺産条約における優れた自然現象・例外的な自然美を考える』を出版し、主観的になりがちな自然美の評価に関するイコモスとの共同研究の成果を発表した。この

エクアドル、サンガイ国立公園の活火山トゥングラワ（標高5,016 m）

アフリカ最高峰を誇るタンザニアのキリマンジャロ（標高5,895 m）

検討プロセスは、ほぼ富士山の世界文化遺産の評価プロセスと時間的に重複しており、もし富士山に対して価値基準（vii）を適用していれば、良いケーススタディとなった可能性もある。もし価値基準（vii）が評価されていれば、富士山は日本初の複合遺産となった可能性もあるのだが、二〇〇三年の検討委員会の結果、自然遺産ではなく文化遺産での登録を目指すという流れができていたこと、イコモスに加えてＩＵＣＮによる評価を受けることになれば、自然保護上の問題についてさらに厳しい指摘を受ける可能性もあった。

結果的に、富士山は文化遺産としての価値基準（iii）信仰の対象、（vi）芸術の源泉の二つを満たす世界遺産として、世界遺産リストに登録されたため、自然遺産ではなく文化遺産であることは間違いない。しかし、構成資産の詳細をみると、富士山域、山中湖、忍野八海、河口湖、西湖、精進

神奈川県上空から見た富士山

湖、本栖湖、船津胎内樹型、吉田胎内樹型、白糸ノ滝、三保松原など、山岳、湖沼、海岸、溶岩樹型等、構成資産の半分は自然要素であり、富士山は文化遺産の要素が評価された自然遺産と言っても良いのではないかとも思える。

二〇一三年の世界遺産委員会における決議やイコモスの評価書を見ても、上方の登山道の収容力の調査研究に基づく来訪者管理戦略の策定などいくつかは、文化遺産とは言っても、自然遺産としての管理ができていなければ達成できないものであった。

富士山の自然保護上の課題

ここでは、数ある富士山の自然保護上の課題のうち、世界遺産委員会において決議に盛り込まれた、「登山道の収容力の調査研究に基づく来訪者管理」について述べてみたい。

富士山の来訪者は、二〇〇〇年代前半には二〇万人程度で推移していたが、二〇〇八年に三〇万人を超え、世界遺産に登録された二〇一三年まで、この状態が続いた。特に、一日の登山者数が七〇〇〇人（吉田口 四〇〇〇人、富士宮口 二〇〇〇人、その他 一〇〇〇人）を超える日が年五日前後あり、このような状況となると、山頂付近の登山道では渋滞が発生し、登山者と下山者のすれ違いで危険を感じるような「著しい混雑」が生ずる。

山梨・静岡両県は、世界遺産委員会の決議を受けて、富士山世界文化遺産学術委員会の意見を聞きながら、二〇一五年から二〇一七年の三年間、五合目から山頂を目指す登山者に対して、ＧＰＳロガーの装着による登山者の動態調査、アンケートによる登山者の意識調査などを実施し、登山道の収容力調査に基づいた来訪者管理の策定を目指した。

その結果、一日の登山者数が七〇〇〇人（吉田口 四〇〇〇人、富士宮口 二〇〇〇人、その他）を超えるような日の翌朝のご来光時に、九合目から山頂までの数箇所で、他の登山者との距離が三〇センチ以内となり、ストックやザックがぶつかり合ったりするレベルの登山者密度（一・二五人／一平方メートル）を超える著しい混雑状況が発生し、前方の登山者が転倒すれば他の登山者も巻き込まれる危険性があることがわかった。このような状況となると、登山者アンケートでも、登山道の人の多さが許容できない、あまり許容できないと回答する人の割合が四割近くに達し（山頂の人の多さが許容できない、あまり許容できないと回答する人も三五パーセント以上）、無理な追い越しがあったと回答した人の割合も二五パーセントを超えるようになる。

しかし、このような「著しい混雑」は、常に生じているわけではなく、吉田口で夏季の四〜五日、富士宮口で二〜四日であることから、これを当面、吉田口で三日以下、富士宮口で二日以下とすることを目標として、混雑予想カレンダーの公表による情報提供、五合目に向かうシャトルバスの運行時間の見直しによる夜間登山（いわゆる弾丸登山）の抑制、マイカー規制の継続、安全誘導員の配置による道迷いの防止などに取り組むこととなった。

この対策は、世界文化遺産富士山ヴィジョンに盛り込まれるとともに、富士山世界文化遺産の保全状況報告書に組み込まれ、二〇一八年一二月には世界遺産センターやイコモスなどに報告される予定である。

日本の山岳地域で、これだけ詳細な調査研究にもとづいた来訪者管理計画が策定されるのは初めてであり、他の山岳地域にも波及することが望まれるが、一抹の懸念がないでもない。

一つは、地元の受け止めであり、一日の登山者数が七〇〇〇人（吉田口 四〇〇〇人、富士宮口 二〇〇〇人、その他）という数値が一人歩きして、この人数がいわゆる物理的な登山者制限数だと勘違いされることである。

山岳地域において、自然保護や登山者の良質な自然体験の維持のために、登山者数制限を設けている地域は少なくない。ニュージーランド南島のミルフォードトラックの事例は日本でも有名であり、四日間で五三・五キロを歩くネイチャートレールは、ガイド付きの登山者四八人、個人の登山者四〇人、合計八八人／日の完全予約制になっている。米国のヨセミテ国立公園のヨセミテ渓谷からハーフドームへの登山ルートは部分予約制で、二四週間前から一日五〇人を上限とした事前予

ミルフォードトラックの整備された看板

バックパッカーで賑わうヨセミテ渓谷

約を受け付け、前日午前一一時から一日二五人の当日予約を受け付けている。つまり、合計七五人/日しか登山することはできない。

しかし、日本国内でこのような登山者数制限を設けている場所は少ない。自然公園法に基づいて、利用調整地区が設定されているのは、知床五湖と西大台ヶ原（吉野熊野国立公園）の二箇所で、利用者数の制限が実施されているのみである。知床五湖の場合は、ヒグマの危険を回避するという理由もあり、ヒグマの危険のない高架木道は誰でも入って一つの湖を見ることができるが、地上歩道を歩きたい人は、ヒグマ活動期はガイド付きツアーに参加し、その他の植生保護期は知床五湖フィールドハウスで立入認定申請を行い、レクチャーを受けた人だけが五つの湖を歩くことができる。

しかし富士山の場合、範囲も広大であり、人数もこれらの地域に比べると桁違いであるため、同

混雑する吉田口登山道

環境保全金の協力を呼びかける

様の登山者数制限ができるわけではない。しかし、一日の登山者数が七〇〇〇〇人（吉田口 四〇〇〇〇人、富士宮口 二〇〇〇〇人、その他）という数値が、実際の登山者数の上限値だと勘違いされ、地元の反対が起こることが危惧される。実際には、このような著しい混雑が発生するのは年四～五日であり、それを回避するために、ピークカットのための誘導措置や夜間登山の自粛を呼びかけるだけで、これまでの対策をより強化するだけであるにもかかわらず、誤解に基づく反対が起きないことを願いたい。

もう一つの懸念は、このような著しい混雑を回避するという、いわば当たり前の対策だけで、世界遺産センターやイコモスが理解を示してくれるだろうかという懸念である。

そもそも、世界文化遺産としての収容力とは何なのであろうか。世界遺産地域における収容力の概念として、ユネスコの世界遺産マニュアルシリーズ一号の『世界遺産における観光管理』（二〇〇二年）には、物理的収容力、生態的収容力、社会的収容力という三つの収容力の概念が示されている。物理的収容力は山小屋のベッド数や駐車場のスペースなどで決まる物理的な収容力であり、生態的な収容力は植生や動物などに悪影響を与えない程度の収容力であり、物理的な収容力よりもはるかに低い値となるのが普通である。しかし、富士山の場合、五合目より上方の登山道には植生も少なく、生態的な収容力を求めることが難しいため、来訪者の心理を含む社会的収容力という概念を物理的な収容力に加えて用いた。

すなわち、「望ましい富士登山のあり方」として、①一七世紀以来の登拝に起源する登山の文化的伝統の継承、②登山道および山頂付近の良好な展望景観の維持、③登山の安全性・快適性の確保の三つの視点から、著しい混雑日を減らす対策だけではなく、伝統的登拝形態と同様に山小屋で休息してから山頂でご来光を拝む登山者の割合や、山麓から登山する登山者の割合などを指標として、物理的収容力だけではなく、社会的あるいは文化的収容力の範囲内に収まる来訪者管理を目指している。しかし、これらの指標が、世界遺産センターやイコモスにどれだけ理解してもらえるかが課題である。

実際、二〇一五年にはイコモスからは、「五合目へのアクセス制限と環境保全協力金という方法だけで、アクセスをコントロールできるのか。京都の苔寺のように、事前予約制を導入した例もあり、富士山では難しいかもしれないが、富士山の神聖性を積極的に活用しつつ、人々が富士山を訪れる方法を制限する革新的な方法はないか」というコメントが来たこともある。

例えば、富士山の山開きの日は、伝統的な白装束をまとい、御師に先導された登拝者のみに限定するなど、目に見える進展が必要ではないだろうか。

参考文献

The World's Greatest Natural Areas: An Indicative Inventory of Natural Sites of World Heritage Quality, IUCN, 1982.
Study on the Application of Criterion VII: Considering Superlative Natural Phenomena and Exceptional Natural Beauty within the World Heritage Convention, IUCN, 2013.
Managing Tourism at World Heritage Sites: A Practical Manual for World Heritage Site Managers, UNESCO, 2002.

第四章　富士山の魅力を生かす視点

富士山ヴィジョンへの取り組み

富士山世界文化遺産協議会
入倉博文・内野昌美

世界遺産登録と提示された課題

富士山は、二〇一三年にカンボジア・プノンペンで開催された第三七回世界遺産委員会で国内一三番目の世界文化遺産として登録された。登録に際し、ユネスコ（国際連合教育科学文化機関）やイコモス（国際記念物遺跡会議）は、個々の構成資産はひとつの大きな絵の中の要素であり、全体として意味を伝達できることが顕著な普遍的価値の理解に不可欠であるが、現状の富士山では、それぞれの構成資産のつながりが明確でないと指摘した。

そして、富士山の保全状況をより良いものへと改善していくためには、各構成資産を一体のものとして、また文化的景観の考え方を踏まえて保存すべきとして、特に以下の六点に留意した管理システムを構築するよう勧告がなされた。

ⓐ 資産の全体構想（ヴィジョン）を定める

ⓑ山麓の巡礼路の経路を描出する
ⓒ登山道の収容力を研究した上で来訪者管理戦略を定める
ⓓ登山道などの総合的な保全手法を定める
ⓔ来訪者が構成資産のつながりを容易に理解できるよう情報提供戦略を定める
ⓕ経過観察指標を強化する

また、危機管理戦略の策定と、開発の制御の必要性についても指摘があった。

富士山は、その顕著な普遍的価値が認められ、世界遺産に登録されたわけであるが、登録時に多くの課題が課せられたことや、短期間で報告書の提出を求められたことなどから、世界遺産登録は条件付であり、次回世界遺産委員会で取り消しもあり得るといった報道が盛んになされ、保全状況報告書の内容が注目される珍しい事例となった。

山梨県と静岡県、関係市町村および国出先機関などで構成する「富士山世界文化遺産協議会」は、ユネスコからの多方面にわたる勧告・要請に関する対応について、学識経験者や地元関係者を交えて公開の場で継続的に協議し、二〇一四年一二月に「世界文化遺産富士山ヴィジョン・各種戦略」を策定した。これらは、二〇一六年一月末に保全状況報告書として日本政府からユネスコ世界遺産センターへ提出され、同年七月に開催された第四〇回世界遺産委員会で「同様の課題を有する他地域にとって模範となる優れた事例である」と、非常に高く評価された。また、世界遺産委員会から、富士山の取り組みを共有するため、二〇一八年一二月一日までに、最新の保全状況報告書をユネスコ世界遺産センターへ提出するよう要請があった。

富士山世界文化遺産協議会では、来訪者管理に係る指標の設定や、山梨県・静岡県の富士山世界遺産センターの開館等、約二年間の取り組み状況等を記載した最新の報告書を作成しているところであるが、ここでは、富士山の保存・活用の中心となる富士山ヴィジョンのあらましおよび各種戦略の進捗状況を紹介したい。

富士山ヴィジョンとは何か

二五の構成資産から成る世界遺産富士山を「ひとつの存在」および「ひとつ（一体）の文化的景観」として管理するための適切な手法を定めるとともに、そうした管理システムが機能するよう、地域社会全体が果たすべき役割を明示したのが、富士山ヴィジョンである。

このうち、「ひとつの存在」としての管理とは、「信仰の対象」と「芸術の源泉」の両面から二五の構成資産相互のつながりを明確化するとともに、芸術作品に基づく二つの展望地点（本栖湖北西岸の中ノ倉峠／三保松原）から富士山に対する良好な展望景観を維持するなど、構成資産を一体的に管理することである。

また、「ひとつの文化的景観」としての管理とは、富士山へのアクセスやレクリエーションに対する社会的要請と、富士山の顕著な普遍的価値を示す「神聖さ」・「美しさ」の維持という、相反する課題を調和的に解決し、人間と自然との共存の中で育まれてきた文化的景観を保持し、将来に向けより良い状態で引き継いでいくことである。

こうした理念を踏まえ、第三七回世界遺産委員会決議で指摘された諸課題の解決・改善のための各種戦略・方法を体系的に整理するとともに、それぞれ具体的な対策などを明示し、地域全体で取り組むことが必要である。

構成資産のつながりの明確化

構成資産相互のつながりを描き出し、構成資産と富士山との結合に力点を置きつつ、全体を「ひとつの存在」として管理していくため、次の戦略・方法を策定し、取り組みを進めている。

下方斜面の巡礼路の特定（勧告ⓑへの対応）

現在では使われなくなった巡礼路の位置・経路の特定に加え、構成資産相互の歴史的な関係性を示すための調査・研究を計画的に進めるとともに、来訪者が構成資産相互のつながりを容易に認知・理解できるよう、その成果の幅広い活用を目指している。

山頂御来光を目指す登山者の列

山麓の構成資産を巡るツアー

富士山頂へ至る登山道を中心に、文献調査や現地踏査を進めるとともに、主要街道から派生する巡礼路についても、順次計画的に調査・研究を進めており、こうした研究成果は、山梨県・静岡県の「富士山世界遺産センター」を中心に、情報提供戦略や来訪者管理戦略へ計画的・段階的に反映させている。

情報提供戦略（勧告ⓔへの対応）

山梨県・静岡県は、巡礼路などの調査研究および情報発信の拠点として、それぞれ「富士山世界遺産センター」を整備し、調査・研究成果のデータベース化やガイドなどの育成を進めるとともに、企画展・シンポジウムなどを通じた効果的な情報提供を行っている。

また、来訪者が構成資産相互のつながりなどに関する認知・理解を深められるよう、調査・研究成果を活用し、山麓の構成資産へ誘導する取り組みを進めている。

保存と活用の調和的な解決

山頂への登山、山中での周遊、山麓における観光・レクリエーションなどへの社会的要請と「神聖さ」・「美しさ」の維持という、相反する課題を調和的に解決させていくため、次の戦略・方法を策定し、取り組みを進めている。

来訪者管理戦略（勧告ⓒへの対応）

多様な登山形態を行う登山者が、富士山の顕著な普遍的価値の側面を表す「神聖さ」・「美しさ」

の双方の性質を実感できることが重要であるとの観点から、「望ましい富士登山の在り方」（①一七世紀以来の登拝に起源する登山の文化的伝統の継承、②登山道および山頂付近の良好な展望景観の維持、③登山の安全性・快適性の確保）を定義し、これらを実現していくことを、来訪者、特に五合目以上の登山者の管理における長期的な目標とした。

さらに、「望ましい富士登山の在り方」を実現するために、二〇一九年を目標年とした多角的な指標と、それらの目標水準を設定し、必要な対策を実施している。

このうち、社会的に大きな関心が寄せられている登山者数に関する指標などについては、後段で述べる。

上方の登山道などの総合的な保全手法（勧告ⓓへの対応）

登山者による登山道への影響を抑制するため、来訪者管理を実施するとともに、登山者への支援施設である、登山道（落石防止の堰堤などを含む）、山小屋およびトラクター道について、周囲の自然環境や景観に配慮した材料・工法による維持補修や看板などの修景を行うなど、景観との調和に向けた取り組みを進めている。

開発の制御（決議文における指摘事項への対応）

緩衝地帯における建築物などの開発圧力に対しては、経過観察や新たに設けた条例【註1】などを通じて早期把握に努めるとともに、開発の制御の効果を促進している。

また、イコモス評価書【註2】において景観改善などの必要性を指摘された事項【註3】については、地域社会との合意形成に十分留意しつつ事業を進めており、それぞれ計画的に改善が図られている。

危機管理戦略（決議文における要請への対応）

自然災害などから、来訪者・住民の生命および財産を保護するとともに、世界文化遺産の構成資産の災害予防や復旧などを確実に行うため、地域防災計画を始めとした各種防災計画に基づく対策を進めている。

経過観察指標の拡充・強化（勧告ⓕへの対応）

資産への負の影響を把握するとともに、課題の解決・改善のために実施する各種戦略の効果を評価し、戦略の見直しを行うため、二つの主要な展望地点に加え、三四か所を新たな観測地点として追加するなど、経過観察指標の拡充・強化を行った。

人工構造物（導流堤）の修景

須走口登山道における巡礼路調査

山梨県・静岡県および関係市町村は、「包括的保存管理計画」に定めた観察指標に基づく経過観察を実施している。さらに、富士山世界文化遺産協議会は、観察結果を取りまとめた年次報告書を作成・評価し、各種施策が有効に実行されていることや資産およびその周辺に対する負の影響がないことを確認している。

以上のように、下方斜面の巡礼路の特定、情報提供戦略並びに来訪者管理戦略、上方の登山道などの総合的な保全手法、開発の制御の各項目に示した保存・活用の施策は、相互に結び付きながら、計画的に進められている。また、各項目の実施状況を的確に把握するための経過観察指標の拡充・強化や、災害発生時における来訪者・住民への情報提供と深く結び付く危機管理戦略についても適切に進められている。

登山者の適切な管理に向けて

環境省の統計によると、富士山の登山者数は、世界遺産登録直前の二〇一〇年に三二万人余りを記録し、同年の一日当たりの最大登山者数も一万二五〇〇人を超えていたことから、オーバーユースなのではないか、登山者数を制限すべきではないか、などの意見も聞かれる。

こうした背景とともに、「収容力を研究し、その成果を踏まえた来訪者管理戦略を策定すること」とする世界遺産委員会決議を踏まえ、山梨県・静岡県は、二〇一五年から三年間にわたり、GPSロガーを用いて登山者の位置情報や速度データを蓄積し、時間や場所ごとの混雑状況やその際の登山者の移動速度などの動態調査を行った。併せて、登山者数や曜日など異なる条件下で登山者へのアンケート調査を行い、登山者意識の傾向分析なども行った。

その結果、登山の安全性・快適性を損なうような「著しい混雑」が常に発生しているわけではなく、週末の御来光前後の時間帯の頂上付近に登山者が集中していることが定量的に明らかになった。こうした状況では、単に一日当たりの登山者数を規定し、それを超えた場合に規制しても、極めて限定的に発生する混雑への解決につながらないため、登山者の分散化を促し、混雑を緩和していく観点から指標や水準を設定し、平準化や安全確保のための情報提供などの施策を展開することとした。

当面、尾瀬などでの先行事例や高速道路の渋滞予測などを参考に、富士山で予想される混雑状況を事前に周知することで、自発的な混雑回避を促す取り組みを重点的に行い、それらの効果を検証

富士宮口での登山者アンケート

7/1 吉田ルート 開山日

7/10 須走・御殿場・富士宮ルート 開山日

7/16 海の日

7/27 登山競走（吉田口）

8/11 山の日

8/29-30 感謝祭ツアー（富士宮口）

9/10 閉山日

7月

日	月	火	水	木	金	土
1	2	3	4	5	6	7
8	9	10	11	12	13	14
15	16	17	18	19	20	21
22	23	24	25	26	27	28
29	30	31				

8月

日	月	火	水	木	金	土
			1	2	3	4
5	6	7	8	9	10	11
12	13	14	15	16	17	18
19	20	21	22	23	24	25
26	27	28	29	30	31	

9月

日	月	火	水	木	金	土
						1
2	3	4	5	6	7	8
9	10					

特に混雑　混雑　やや混雑　平常

富士登山混雑予想カレンダー（2018年版）

しながら、徐々に登山者の満足度の向上などに主眼を置いた取り組みへシフトしていくことを想定している。

おわりに

最後に紹介した、来訪者管理に関する指標の設定や対策の実施については、富士山世界文化遺産学術委員など、多くの学識経験者や地元関係者などと協議を重ねる中で合意されてきたものである。この例に限らず、富士山の保全・管理に関する他の取り組みにおいても、常にこうした丁寧なプロセスが実施されている。二〇一六年の第四〇回世界遺産委員会では、まさしくこうした地道な取り組みの積み重ねが高く評価されたところである。

しかしながら、世界遺産の保存管理活動は、とかく行政主導になりがちである。富士山ヴィジョンに謳っているとおり、こうした活動を持続可能なものとしていくためには、地域社会（コミュニティ）全体での取り組みが欠かせない。富士山世界文化遺産協議会では、引き続き、地域の様々な関係者が同じテーブルにつき、対等な立場で議論・実践が深められるような環境を維持・発展させていきたい。

註

1　山梨県世界遺産富士山の保全に係る景観配慮の手続に関する条例（平成二八年六月施行）

2　イコモスは、日本国政府から提出された推薦書に対し、現地調査を含む審査を行い、二〇一三年四月に評価結果を勧告した。

3　忍野八海・白糸ノ滝の整備、吉田口五合目諸施設の整備、三保松原の保全

未来を担う子どもたちへ

富士(ふじ)の国(くに)づくりキッズ・スタディ・プログラム

青柳正規
認定NPO法人 富士山世界遺産国民会議理事長

プログラム事業の発端

富士山の世界文化遺産登録への国民運動を繰り広げていた二〇一〇年の春頃、富士山の普遍的価値の未来への継承のため「未来を担う子どもたちへ富士山の文化的価値をどのようにしたら伝えられるか」というテーマを課題とした研究がスタートした。

この研究を担うことになった、NPO法人富士山を世界遺産にする国民会議（現NPO法人 富士山世界遺産国民会議）では、「富士山の文化的価値」という抽象的なテーマを子どもたちの興味に結びつけるため、どのような方法が有効かについて議論を重ね多方面からの意見を聴取した結果、授業で活用できる教材づくりに取り組むこととなった【註】。

具体的には、日本人であれば誰でも一度は目にしたことのある葛飾北斎の『富嶽三十六景』を題材とし、教育番組の制作を事業とするNHKエデュケーショナルと連携することで、クオリティの高い教材を構成し、なおかつ放送教育に実績のある教育者のノウハウも活かすことで、子どもや教師の興味を惹きつけるような教材をめざすこととなった。

方向性と題材が決定したところで、どの年齢層の子どもたちを対象とするか、また、どのような内容の授業を行うのかを検討し、以下の三つに重点を置くこととした。

①『冨嶽三十六景』が描かれた江戸時代の町人文化を社会科の授業として学ぶ。
②『冨嶽三十六景』などを通じて、江戸時代の人々にとって富士山が、どのような存在だったのかを探る。
③江戸時代の人々の暮らしや東海道などの旅（現代風にいうなら観光）のことなども学ぶ。

これら三点を、学習指導要領に照らし合わせて検討し、小学六年生社会科「江戸の町民文化」の単元で活用されることを目的に、映像教材（ビデオクリップ）と浮世絵のセットとし、小学六年生の社会科の授業の中で実践していくこととなり、翌二〇一一年以降、この教材を使ったモデル授業を山梨県、静岡県、東京都の小学校で実施するとともに、その他の小学校には教材を配布し、授業実施を依頼した【表1参照】。

表中⑤のアンケートの結果、実施率と実施予定の合計が、静岡県は七七パーセント、山梨県が七五・三パーセント、中央区は六二・五パーセントであった。また、⑦のアンケートの結果、実施率と実施予定の合計が、墨田区は九二パーセント、台東区が七三・七パーセント、渋谷区は七七・八パーセントであった。これらの調査結果から、事業の方向性は間違っていないとの意を強くするとともに、更なる改善の必要性も認識した。

表1 教材を用いたモデル授業の実施

事業内容等	年月日等	小学校名等
① 第一次モデル授業	2012年 2 月20日	山梨県富士吉田市立明見小学校
	2012年 3 月 2 日	静岡県富士宮市立貴船小学校
② 特別講師による授業	2012年 9 月21日	東京都中央区立泰明小学校
③ 第二次モデル授業	2012年10月 2 日	静岡県御殿場市立神山小学校
	2012年10月 5 日	静岡県富士市立吉原小学校
	2012年10月23日	山梨県甲府市立東小学校
	2012年10月25日	山梨県富士河口湖町立船津小学校
④ 教材の配布と活用依頼	2013年 4 月	静岡県の全小学校
		山梨県の全小学校
		東京都中央区の全小学校
⑤ 教材の利用状況のアンケート	2013年12月	静岡県・山梨県・東京都中央区の全小学校を対象
⑥ 教材の配布と活用依頼	2014年 4 月	東京都墨田区・台東区・渋谷区の全小学校
⑦ 教材の利用状況のアンケート	2014年12月	東京都墨田区・台東区・渋谷区の全小学校を対象

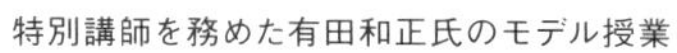
特別講師を務めた有田和正氏のモデル授業

浮世絵に描かれた旅の服装を学ぶ

『富嶽三十六景』を生み出した江戸文化

前述の通り、「富士の国（ふじのくに）づくりキッズ・スタディ・プログラム」の当初の役割は、「未来を担う子どもたちへ富士山の文化的価値を伝え、日本文化の源泉ともいえる富士山に関心を持ち、富士山を大切にする心を育む」ことであった。一方、この教材では、『富嶽三十六景』の鑑賞を通じて、富士山だけでなく、江戸時代の庶民文化についても学ぶことができ、その延長線上に江戸時代の文化の閉鎖性と国際関係の二つの要素に対しても関心を広げてもらうことを目的としている。

江戸時代に庶民の間で浮世絵が流行した背景には、「パックス・トクガワーナ」ともいうべき平和な暮らしがあり、富士山も庶民が旅をすることができる安全な社会状況があったからこそ、さまざまな芸術の源泉となり、修験道ひいては富士講をとおして信仰の対象となるほどの広がりを獲得したのである。文化を享受し得る安定した社会状況の出現が、信仰と観光の融合を可能としたのである。このような状況は、わが国だけでなく西欧においても一七世紀に始まるグランドツアーの出現に見ることができる。しかし、グランドツアーが英国貴族の子弟にとっての旅行であり、数か月から数年をかけるという大がかりな時間と費用を前提としているのに対して、富士講としての旅行は庶民中心だった。前近代社会におけるわが国と西欧の階級社会の在り方の相違が反映しているのである。

さらに室町時代から桃山時代の風俗画に根源を持つ浮世絵は、庶民文化を代表する美術分野であり、海外からの文化的影響が比較的少なかった時代に形成され展開した。文化の深化にはそのフレームワークが必要であることが指摘されているが、浮世絵の隆昌はまさに「鎖国」と通称される当時の社会の閉鎖性が関与している。ただし、江戸時代は鎖国の時代と言い切るべきではないことが近年の研究で指摘されている(ロナルド・トビ著『「鎖国」という外交』小学館、二〇〇八年)。

青色の鮮やかさを強調した浮世絵

事実、北斎の『冨嶽三十六景』で使用されている青色は、それまでの岩石をつぶして作った顔料の群青色、あるいはツユクサ、蓼(たで)、藍などを用いた青色ではなく、一七〇四年、プロイセンで発見されたフェロシアン化第二鉄を主成分とする人工顔料で一般には「プルシャンブルー」と呼ばれる化学染料である。オランダ船が長崎に初めてもたらしたころの「プルシャンブルー」は、高価なため浮世絵に用いることはできなかった。ところが、清国でこの化学染料と同じ物質が大量に生産できるようになったため、まず大阪と京都の絵師が使用するようになる(平賀源内が最初に絵画に用いたとする説もある)。やがて江戸でも使用されるようになったこの「ベルリンの藍」は、浮世絵業者の間では「ベロ藍」という略称で呼ばれるようになる。それまで使用されていた青色に比較するとはるかに鮮やかな発色だったため浮世絵の版元がベロ藍の積極的な使用を企画した。その企画にしたがって北斎が描いた「信州諏訪湖」、「甲州石班澤」【27頁】、あるいは「相州梅澤左」などは、いずれも青色の鮮やかさを強調した浮世絵の新鮮さで好評を博することになった。その成功をさらに拡大するために企画されたのが『冨嶽三十六景』である。もちろん富士講など富士山信仰の高まりが最大の理由ではあるが、「ベロ藍」の人気も考慮する必要があるだろう。

『冨嶽三十六景』は以上のように、「未来を担う子どもたちへ富士山の文化的価値を伝え、日本文化の源泉ともいえる富士山に関心を持ち、富士山を大切にする心を育む」ことを第一義の目的として選択されたが、そこに描かれた富士山を称揚する風景だけではなく、当時の社会の「閉鎖性」

葛飾北斎『冨嶽三十六景』より「江戸日本橋」(上)と「御厩川岸より両國橋夕陽見」(下)
江戸期(19世紀)　山梨県立博物館蔵

と「国際性」を考える糸口にもなる要素を備えているのである。

プログラムの役割と普及戦略

二〇一五年、富士山が世界遺産に登録された際、ユネスコ世界遺産委員会から、巡礼路により結ばれている二五の構成資産の文化的価値を一体として情報提供することを要請された。この要請を受け、二〇一六年一月に提出され、また、二〇一八年一一月に提出予定の世界遺産富士山の「保全状況報告書」における情報提供戦略の手法のひとつとして、「富士の国づくりキッズ・スタディ・プログラム」と連携した授業の実施が紹介、報告されている。

このプログラムのめざすところは、無限の可能性をもつ子どもたちが、富士山をめぐる多様な知識を吸収していく中で、富士山の文化的価値や魅力に触れ、将来的にその保全に寄与していくことである。

授業を受けた子どもの感想のひとつに、「私は初め、富士山なんて見えて当たり前だと思っていましたが、江戸時代の人にとっては富士山を見ることが喜びで、遠くからわざわざ富士山を見にやって来る人がたくさんいたことを知りました。これからは、富士山が地元にあることを誇りに思い、もっと大切にしていきたいと思います」というものがある。類似の感想が相当数あり、教師からも、富士山の新たな側面を発見した子どもたちが目を輝かせ、驚き、喜ぶ様子が報告されていることから、当初の目標に近づいているという確かな手応えがある。

二〇一三年より、教材配布と授業実施の促進に取り組んできた「富士の国づくりキッズ・スタディ・プログラム」は、二〇一五年に、全国展開を見据えて、より普及に資するため教材の改訂に取り組むこととなった。

改訂前の教材では、浮世絵の『富嶽三十六景』（実際には四十六景）のうち、一部の作品に限られていた図版を、全作品収録している。また、教材の仕様をコンパクト化して送付にかかる経費や手間を節減した。こうして、二〇一五年四月には静岡県下の全小学校に、翌二〇一六年四月には山梨県下の全小学校に再度配布することができた。

二〇一六年には新たな試みとして、富士山の見える静岡県と富士山の見えない地域とのＩＣＴ（インフォメーション＆コミュニケーションテクノロジー）を利用した「交流学習」を実施した。

教材を使った授業風景

「交流学習」とは、遠く離れた地域の小学校の別々のクラスの生徒たちが、同じ教材を基にＩＣＴ機器を活用して交流して学び合う授業のことである。実際には、静岡県の二つの小学校（御殿場市立東小学校、裾野市立南小学校）と宮城県仙台市の二つの小学校（仙台市立六郷小学校、同片平丁小学校）を結び、二〇一六年五月から一〇月にかけて実施し、遠隔地域の小学生が、互いの地域の歴史や地理を学ぶとともに、教材の共通題材である富士山について学ぶ絶好の機会とすることができた。

さらに同教材の普及を推進するため、二〇一八年一月より、教材をオンラインで教育関係者に配布できる仕組みを作ることで、日本全国でプログラムが利用可能となった。

2013年に配布された教材の教本冊子

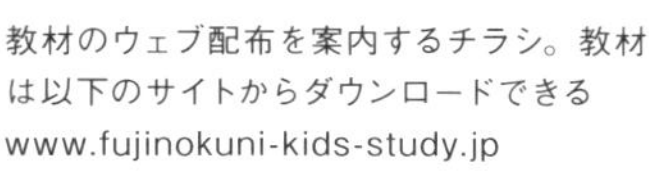

教材のウェブ配布を案内するチラシ。教材は以下のサイトからダウンロードできる
www.fujinokuni-kids-study.jp

プログラムの今後

プログラムの教材をウェブ配布することで、全国の教育機関や教育関係者が一定の手続きさえすれば、ダウンロードして利用することが可能となった。多くの小学校で利用されれば、富士山の文化的価値を分かりやすく教える方法や教材の活用法について、インターネットを通じて意見交換することもでき、内容のブラッシュアップにつながるだけでなく、様々な地域で富士山に関係した昔話や言い伝えを紹介することによって、日本人の精神的な源流を共有していくこともできると考える。

ようやくオンライン化をして大きな可能性の前に立つことができたので、これからはこの教材(コンテンツ)の紹介を一層積極的に進め、様々な活用の実例を紹介できるようにしたいと考えている。そして、静岡・山梨両県と歩調を合わせて、このプログラムの更なる発展をめざしたい。

また、この教材で学ぶ子どもたちが江戸の庶民の生活の背景にある平和を学び、理解することによって、平和の大切さを真に理解することにもこの教材の大きな役割がある。

いま、世界中の紛争地域に暮らす子どもたちは、文化・芸術に接することもかなわない。そんな子どもたちのことを、日本の子どもたちに理解してもらう一助になることを願ってこのプログラムは構想されている。従って、このプログラムと教材を用いて子どもたちとともに、平和とは何かという大きな課題に取り組むことを、教師をはじめとする教育現場の関係者に促し、さらに一歩踏み込んで平和の大切さを伝えていくことをめざしている。

註

日本の社会科教育を牽引し、教材・授業開発に実績のある元東北福祉大学特任教授、故有田和正氏の協力を得た。有田氏は授業の特別講師も務めた。日本近世史が専門の歴史学者、大石学・東京学芸大学教授には、富士山と江戸の庶民と徳川家康のつながりについて学術的な助言を得た。

自然遺産から文化的景観へ

マオリの聖地、「信仰の対象」としてのトンガリロ山

岡橋純子
聖心女子大学准教授

ニュージーランドのトンガリロ国立公園は、最初に自然遺産として、その後に文化遺産としての価値も認められ自然・文化を包含する複合遺産として、世界遺産リストに二度登録されることとなった聖なる山地である。世界遺産史上「聖なる山」という概念がそれまでなかったところ、トンガリロは「信仰の対象」として山が世界遺産に登録された最初の例であり、同じく「信仰の対象」として世界遺産登録された富士山の先鞭となった。

本稿では、トンガリロについての文化的要素を含む包括的な価値付けが、世界遺産委員会との対話のもとに、どのように行われていったかを見ていくこととする。

聖なる山を守るために始まった国立公園制度

トンガリロ国立公園は、ニュージーランドの北島中央部の火山地帯に設置されている。ここは、東半球の「火の環」、すなわち環太平洋火山帯の、南東の端に位置づけられる。ここの火山活動は、

活発である。トンガリロ国立公園の火山の歴史は一〇〇万年前まで遡り、その世界遺産指定範囲内にはルアペフ山、ナウルホエ山、トンガリロ山など複数の活火山や死火山を含み、標高は五〇〇から一五五〇メートルにわたる。ルアペフ山は絶えず噴煙を上げ続けるクレーター湖を有し、過去一五〇年間のうちに四〇回以上は噴火している。トンガリロ国立公園は、標高差や火山活動の影響もあって多様な生態系を有している。最終氷期にルアペフ山やトンガリロ山で形成された氷河は既存の火山を侵食し、深い渓谷や火山灰層の移動を生じさせた。その結果、雄大な自然景観が美しい。

ルアペフ山、ナウルホエ山、トンガリロ山の三峰は、ニュージーランドの先住民族であるマオリの人々によって古来より聖地として崇められてきた。とりわけトンガリロ山は、その山頂に歴代のマオリの首長が埋葬されているとされる聖なる山である。しかし、一八四〇年以降ニュージーランドの地が英国の植民地となってからヨーロッパからの入植者が増大し、マオリ社会によって景観を守り抜く困難が案じられるようになった。そのため、一八八七年、当時のマオリの首長であったホロヌク・テ・ヘウヘウ・トゥキノが、この地を永久的な自然保護区とすることを条件とし、宗主国の英国女王に二六三〇ヘクタールの土地を寄贈した。その後、一八九四年にトンガリロ国立公園法が可決され、トンガリロ国立公園は、ニュージーランド初の国立公園として設置されたのである。山々の保護と共に先住民族にとってのスピリチュアルな文化的意義も尊重していく意図がその発端にあることは、ニュージーランドにおける国立公園制度の理念的特徴となっている。

トンガリロ国立公園は一九九〇年に世界遺産登録され、二〇一八年現在、七九五九六ヘクタールであり、一九九三年に拡張登録されているが、登録範囲自体は一九九〇年の最初の登録以来変更されていない。国立公園の東側にあるカイマヌワ保護公園および北西に位置するエルア保護区域が、バッファーゾーンとしてトンガリロ国立公園の価値の保全を強化する役割を担っている。

自然遺産から複合遺産へ

それでは、トンガリロ国立公園は、どのように自然遺産から複合遺産になったのだろうか。ここではその経緯を追ってみることとする。

トンガリロ国立公園は、一九八七年と一九八九年の二度にわたり、世界遺産登録を先送りされている。一九八七年の第一一回世界遺産委員会は、トンガリロ国立公園が当時の世界自然遺産の価値基準（評価基準）N（ii）とN（iii）を満たしていることを認めたが、ニュージーランド政府がスキー場開発制限を重視し、マオリにとっての文化的価値を保全管理理念に反映させた新たな公園のマネージメントプランを完成させるまで、この推薦書を登録延期することを決議したのであった。一九八九年の第一三回世界遺産委員会も、新たなマネージメントプランができるまではと登録延期の方針を変えず、IUCN（国際自然保護連合）がトンガリロ国立公園の新マネージメントプランは策定済みで政府の認可を待っているところであると報告したため、翌一九九〇年に再度審議する意向を示したのである。

その後、一九九〇年の第一四回世界遺産委員会の席上で、トンガリロ国立公園はようやく自然遺産として世界遺産リストに登録された。当時の自然遺産価値基準N（ii）、（iii）に準じての登録である。登録時、世界遺産委員会は、ニュージーランド政府がマネージメントプランを改善して保全強化を行ったこと、とりわけ観光開発を制限してトンガリロの文化的価値をより重視するようになったことについて評価した。新しいマネージメントプランは、推薦書提出当初からの世界遺産委員会による懸案事項に十分に対処するものであるとされたわけであるが、何に対処するマネージメントプラン改定が求められていたかというと、①ルアペフ山でのスキー場拡大計画が文化的価値や国立公園としてのイメージへ及ぼす影響、②斜面の刈り込みや人工雪による景観価値や水文学上の新たな問題、③新たなマネージメントプランにおいてトンガリロの文化的価値をどれだけ重視し地元のマオリの人々がどれだけ参加するのかという課題、である。一九九〇年のマネージメントプランはこれらの点に対処し、スキー場開発は明確に設けられたアメニティ区域の範囲内のみに制限し、レジャー目的のヘリコプターや雪上の車両を禁止し、ホテルなどの宿泊施設の新設も禁止するものであった。一方、一九九〇年の時点では、トンガリロは世界遺産制度上の文化遺産の価値基準には相当しないとして、文化遺産価値についてはまだ認められることがなかった。

その二年後の一九九二年の第一六回世界遺産委員会では、さっそく文化遺産価値も認めるための

ナウルホエ山。富士山に似た稜線を持つ ©UNESCO

生物多様性に富む国立公園 ©UNESCO

マオリのマラエ（集会所）で行われる儀式 ©UNESCO

拡張登録が試みられたが、一旦拡張登録も延期されている。委員会は、ニュージーランド政府がトンガリロ国立公園の文化的側面に関する価値付け調査資料の提出を行うよう要請している。文化遺産としての価値基準も用いて登録し直す可能性を本格的に検討するためである。ニュージーランド政府は、世界遺産委員会からトンガリロ国立公園を複合遺産として拡張登録推薦するよう促されたことになる。

そして翌一九九三年には、トンガリロは、第一七回世界遺産委員会において、文化遺産の価値基準C（vi）に準じて文化的景観として複合遺産として拡張登録された。価値基準C（vi）は、前年一〇月にフランスのラ・プティット・ピエールで開催された「文化的景観に関する国際専門家会議」が提案した新規の価値基準が世界遺産委員会で改定されて「顕著な普遍的価値を有する出来事（行事）、生きた伝統、思想、信仰、芸術的作品、あるいは文学的作品と直接または実質的関連がある（この基準は例外的な場合のみもしくは他の基準とあわせた場合に用いられることができる）」となっていた。第一七回世界遺産委員会は、イコモスが同年一一月に現地視察を行ったことを報告した後、価値基準C（vi）適用の方法について入念に審議を行い、価値基準C（vi）の「もしくは他の基準とあわせた場合に用いられることができる」とする記述が自然遺産の価値基準でも文化遺産の価値基準でも該当するものであるとの判断に達し、トンガリロに価値基準C（vi）の適用を認めたのである。

このように、ニュージーランド政府は、まずは、トンガリロ国立公園のマネージメントプランを開発制限や文化的価値発揚に対応するものに改定すべきであるという世界遺産委員会の宿題に応え、一九九〇年の世界遺産登録へと運んだ。その後、文化的価値を世界遺産の価値基準に即して正式に捉え直すべきであるという委員会からの更なる宿題に応えたことが、一九九三年の拡張登録へと至る。トンガリロ国立公園は、二度の登録プロセスを経て、その文化・自然両面の包括的価値の実態に即した位置づけと保全管理体制の充実へと進めてきたのであった。

最初の文化的景観として

世界遺産史上初めて「文化的景観」として登録されたトンガリロ国立公園の山々は、マオリの人々にとって聖なる存在すなわち文化的・宗教的価値の高いものであり、マオリのコミュニティとその生活環境との間の精神的かつ儀礼的繋がりを象徴している。

複合遺産となり、文化的景観となってから、世界遺産としてのトンガリロ国立公園の保全管理において、マオリの人々による参加と貢献は意識的に推奨されて増大していく。トンガリロ・タウポ保全のための保全管理戦略においては、ワイタンギ条約の理念がトンガリロ国立公園や他の保護区域でどのように適用できるかを模索したという。ワイタンギ条約とは、一八四〇年に先住民族マオリと英国との間で締結され、それを機にニュージーランドが英国領となった重要な条約である。この条約解釈をめぐって歴史上様々な争いも経てきているが、マオリの人々にとっては、これは自分たちの土地や文化の継承の尊重が契約された内容と解釈されており、今日においても、マオリの人権を保護する法的根拠となるものである。

マオリの人々は、今日ではトンガリロ国立公園のすべての主たる管理業務に関わっており、とりわけ文化的価値が重要となる場面では主たる役割を担ってきている。世界遺産に関わる記念行事の計画と開催、ワカパパ・ビジターセンター【註1】での展示・映像資料において文化的価値の発信力を高めるための尽力、教育プログラム用の教材作成といった役割である。ワカパパ・ビジターセンターでは、一八八七年のホロヌクによる土地寄贈と山地保護の精神について訪問者に伝え、考えさせるための趣向が凝らされている。マオリはまた、土地使用権などの利権申請評価にも関与している。一九九五〜九六年のルアペフ山噴火による火山灰堆積とクレーター湖にまつわる課題に際しても、マオリにとってとりわけ神聖な山頂付近での適切な措置を検討する際に彼らの意見が必須となった。保全管理理事会にはマオリの代表者がたえず複数名入っており、一九九三年の複合遺産登録以降、国立公園スタッフはマオリの歴史文化や慣例に関する研修を受けている。

トンガリロの山々は、マオリにとって、強い無形の文化的意味を帯びた存在である。山々の意味については、マオリの中でも複数の部族において今日まで受け継がれる歌、逸話、彫刻等の口承文化に表現されている。マオリの伝承では、ナティ・トゥワレトア族とトンガリロの山々との絆は、一千年ほど前に、マオリの祖先が南太平洋の故郷の島「ハワイキ」から「大艦隊」と呼ばれる七艘

噴煙を上げるルアペフ山 ©UNESCO

美しいクレーター湖 ©UNESCO

の航海カヌーに分乗してアオテアロア（ニュージーランド）に上陸して以来のものであるとされる。このうちの一艘アラワの航海士であり神官でもあったナトロイランギとその一行が領土を見渡すためトンガリロ山に登ったところ、吹雪に見舞われ凍え死にそうになったという。ナトロイランギはハワイキに住む巫女である妹たちに向かって火を求めて助けの声を送る。その声は南（トンガ）の風に乗ってハワイキへ届き（リロ）、妹たちからは火柱が海底を伝わってナトロイランギの元へと送られた。そしてその道すがら、トンガリロ地域一帯も火山地帯へと変わって噴火が起こり、ナトロイランギの体を温めたとされている。ナティ・トゥワレトア族の祖先とされるナトロイランギとトンガリロ国立公園にまつわる伝承は、今日においてもマオリ社会を中心にニュージーランド国内では浸透力を持っており、太平洋の火山帯「火の環」のニュージーランドへの到達にも触れ、トンガリロ地域の文化的意義を色濃く浮き彫りにするものである。人々と山々との繋がりは伝承に語られるだけでなく、今日でもトンガリロ地域の峰々について、マオリの人々は部族の祖先に対するものと同様に敬愛の情をもって語り、そこに精神的な絆が存在していることが感じられる。

トンガリロ国立公園は、文化的景観の概念導入に伴い世界遺産の価値基準を大きく改変する草案を作成した前述の一九九二年一〇月の国際専門家会議における重要なケーススタディーの一つであった。自然に人間が文化的な意義を付与してきた「連想的」文化的景観【註2】の類型を定義する際の例として挙げられたのである。トンガリロ国立公園の文化的価値は、その自然的価値と密接な相関関係にある。マオリの人々の文化的アイデンティティーを確固たるものとさせる口承の伝統において、ここの自然景観は根源的な意味を果たしている。マオリにとってのトゥプナすなわち祖先への畏敬の念が、山々への深い畏敬の念となって継承されている。自然美が、マオリ文化のスピリチュアルかつ歴史的な中核を成す要件となっているのである。

文化的景観による世界遺産価値基準の改定

文化的景観の概念や定義、またそれに関連して改定された世界遺産登録評価基準は、一九九二年に採択されている。文化的景観とは、「世界遺産条約履行のための作業指針」の定義によれば、「世界遺産条約第一条のいう「自然と人間との共同作品」に相当するものである。人間社会又は人間の居住地が、自然環境による物理的制約のなかで、社会的、経済的、文化的な内外の力に継続的に影響されながら、どのような進化をたどってきたのかを例証するものである。」すなわち、人間と自然との相互作用によって生み出された景観を指している。ここでいう「相互作用」については複数の捉え方がされており、三つの類型に分けることができる。①庭園のように人間が自然の中にデザインをし、作り出した景色、②田畑や牧場のように有機的に進化する営為の成す景観、③自然それ自体にほとんど手を加えていなくとも人間がそこに文化的な意義を付与した連想的景観である。

トンガリロ国立公園については、このうちの三つ目に相当する。人の手の入った自然の土地利用が成す景観ではなく、精神的な価値の連想がその根幹をなす。自然の中にたとえ有形の文化的証拠が存在していないとしても、そこに宗教的、芸術的、文化的な強い関連性と象徴性が見出される場合の類型であり、無形の価値、象徴的価値を帯びるものである。すなわち、文化遺産の価値基準である（vi）の適用を重視する文化的景観である。

この改定に至るまでには、一九七二年採択の「世界遺産条約」の第二条にある自然遺産定義の再解釈が必要であった。第二条の解釈が曖昧なまま自然遺産の価値基準が策定され、景観とは自然なのか文化なのか位置づけにくいままであったからである。条約第二条では、自然遺産とは「科学上、保存上」顕著な普遍的価値を有するものにほぼ限定されているが、「もしくは自然の美観上」として美を条件とする文言も明確に存在する。一方、自然と人との関係については、条約第一条の文化遺産定義において「人工と自然の結合の所産」として記されているのみである。したがって、条約の条文中には、自然と人との相互作用については文化遺産条項、美については自然遺産条項に分かれて記述されていることになる。

一九七六年に世界遺産の価値基準が最初に策定された際、美についての議論は文化遺産の価値基準には適用されず、自然遺産の価値基準にのみ適用された。同時に、自然と文化の調和的相互作用の評価についても、こちらは条約条文に即さず、当時は自然遺産の価値基準の中でのみ可能とされた。自然遺産の価値基準Ｎ(ii)に「人類とその自然環境との相互作用」が、Ｎ(iii)に「類まれな自然と文化の要素の融合」が含まれていたのである。

一九九二年一〇月の前述の国際専門家会議では文化遺産の価値基準改定案が策定されたが、同一九九二年二月にヴェネズエラのカラカスで開催された第四回ＩＵＣＮ世界公園会議でも、世界自然遺産の価値基準改定版の草案を作る作業グループが開かれていた。このどちらにも参加したＩＵＣＮの故ビング・ルーカス氏は、文化的景観の概念定義に積極的な姿勢を示し、世界遺産条約上の文書の整合性を見出すことにも貢献した。文化的景観の概念導入に伴い、一九九二年の世界遺産委員会で採択された価値基準の改定は、下記のとおりであった。

文化的景観という新しい遺産類型を位置づけるため、文化遺産の六つの価値基準のうち四基準について、Ｃ(iii)には「文化的伝統」、Ｃ(v)には「土地利用」、Ｃ(vi)には「生き続ける伝統」の文言が足された。そして、世界遺産条約第二条における法的定義との一貫性を見出すためということで、自然遺産の価値基準Ｎ(ii)からは「人類と自然環境の相互作用」が削除され、価値基準Ｎ(iii)からも「類まれな自然と文化の要素の融合」が削除された。価値基準Ｎ(iii)には、「美的価値」が足され、「最上級の自然現象、又は、類まれな自然美・美的価値を有する地域を包含する」ことが条件となったのである。

トンガリロ国立公園が世界遺産登録された一九九〇年と一九九三年の間には、世界遺産条約史における大きな転換点となる「文化的景観」の位置付けをめぐる国際的議論が追究され、それゆえ複合遺産としてのトンガリロの価値付けが成立したのであった。

おわりに

文化的景観の概念の導入と共に重視されたのが、価値基準C（vi）における文化的継承と伝統の持続である。これに至る議論の中心となっていたトンガリロの事例をもって、連想的文化価値の概念が拡がったと言えよう。ニュージーランドの国立公園発祥の地として、世界遺産史上初めての文化的景観として、トンガリロの先住民族の理念を根幹として発信され続ける「自然における連想的文化価値の重要性」、「生物多様性と文化多様性を併せて保護する重要性」、「先住民族を含むコミュニティ参加の重要性」は、今日の世界遺産制度における最重要課題に通じるものである。

文化的景観は、自然と文化を結ぶ扉であり、懸け橋である。文化的景観の概念を前面に出して遺産の価値付けに適用し、また保護活動に活かすことは、世界遺産リスト上の「聖なる山」をはじめとする「聖なる自然」「文化的自然」においては、回避すべからざるアプローチと言えるだろう。なお、世界遺産史の初期に価値基準N（ii）やN（iii）に準じて世界遺産リストに登録された自然遺産の中には、先史時代のペトログリフを含んでいたりトンガリロの例に類似するスピリチュアルな価値を含んでいたりするなど、文化的に再評価を行い、その文化的価値の保護のために文化的景観として拡張登録を目指すべき物件が多く存在していると考えられる。他方、現行の価値基準（vii）【註3】を用いずに文化遺産としてのみ世界遺産登録されている「聖なる山」の自然景観の中にも、より積極的に「美」の価値基準（vii）を用いて再評価を行い、人にインスピレーションを与える自然景観を「複合遺産」として拡張登録すべき物件があるのではないかと考えられる。

景観とは自然なのか文化なのかという国際的議論は、今日においては形を変えて継続している。すなわち、自然保護によって特定の文化を守れるか、文化的価値の保護によって自然保護を強化できるか、という文化セクター（世界遺産委員会の諮問機関イコモスに代表される）と自然セクター（世界遺産委員会の諮問機関ＩＵＣＮに代表される）との間の歩み寄りが定着しつつあるのである。文化は自然無くしては生じず、自然とは文化的象徴性に溢れている。文化的景観は、とりわけトンガリロの例は、その基本的姿勢に立ち返らせられる示唆に富んでいる。

註

1　トンガリロ国立公園のビジターセンターの通称。ワカパパ村に位置し、一九六〇年代に設置されたが二〇〇一年に再整備された。

2　「associative cultural landscape」

3　かつての価値基準N（iii）

参考文献（すべて英文）

「トンガリロ国立公園マネージメントプラン」一九九〇年版、ニュージーランド政府保全局作成

「文化的景観に関する国際専門家会議（於ラ・プティット・ピエール）」報告書、一九九二年

「トンガリロ国立公園世界遺産拡張登録推薦書」、ニュージーランド政府作成、一九九三年

「トンガリロ国立公園世界遺産拡張登録推薦書に関するイコモス評価書」一九九三年

ピーター・ファウラー『世界遺産文化的景観 1992—2002』ユネスコ、二〇〇三年

「トンガリロ国立公園」（世界遺産アジア太平洋地域定期報告第一期第二セクション）二〇〇三年、二〇一二年

クリスティーナ・キャメロン、メヒティルド・ロスラー『多くの声、ひとつのビジョン　世界遺産条約の初期』アッシュゲート出版、二〇一三年

富士山ヴィジョンを通して
いかに「顕著な普遍的価値」を高めるか

西村幸夫
日本イコモス国内委員会委員長

富士山の「顕著な普遍的価値」と構成資産の関係

二〇一二年一月に提出された日本からの推薦書に対して翌二〇一三年に提出されたイコモス（国際記念物遺跡会議）の評価書において、富士山の「顕著な普遍的価値」について、次のように述べている。

富士山の完璧な姿形がひとびとに畏敬の念をもたらし、それが種々の信仰のかたちとなって現出したこと、そして、同時に富士山の姿が一九世紀前半の芸術家に霊感を与え、日本国内のみならずひろく世界に知れ渡り、西洋美術にも深い影響を与えたことの二点が重要である。

ここには世界遺産のタイトルともなった「信仰の対象と芸術の源泉」というふたつの視点が評価され、その価値がグローバルな視点から位置付けられている。富士山は一国のシンボルではあるが、それを超えた影響を世界にもたらしたと評価している。

しかし同時にイコモスは、富士山の完璧な姿形は山容全体を対象としているのに、構成資産として推薦されているのは分散した個別の資産の集合体であるという矛盾を的確に衝いている。

富士山周辺は古来、観光地でもあり、さらに近代以降は工場などの立地も進み、広大な山容全体をひとつの資産として推薦することは不可能に近いとイコモス自身も理解していただろうが、それにしてもイコモスとしては、分散している二五の構成資産が全体の中で適切に位置付けられ、全体がひとつのものとして富士山の価値が理解される必要があるということを強調している。

こうした姿勢は世界遺産委員会も同じだった。

本書でたびたび言及されているように、二〇一三年の第三七回ユネスコ世界遺産委員会では、富士山の世界遺産一覧表への登載を決議すると同時に、将来の保全をより確固たるものとするために、六つの主要な論点および文化的景観としてのマネジメントプランの構築などの実施を訴える勧告を行った。

ここから「顕著な普遍的価値」をさらに確実なものとするための静岡・山梨両県による努力が始まることとなる。

世界遺産登録の第一の要件は候補資産に「顕著な普遍的価値」があることだと世界遺産条約に定められている。これまで世界遺産をめぐる議論は、候補資産にどのようにして顕著な普遍的価値を見出すか、いかにその価値を確固としたものとする論理を組み立てるか、そのためにはどのように構成資産を絞り込むか、といった議論が中心で、世界遺産に登録されたのちに、いかに認められた顕著な普遍的価値を高めていくか、というその後の議論はほとんどなされてこなかった。世界遺産登録後には、いかに押し寄せる観光客に対応するかといった議論が中心にならざるを得なかった。

今回、世界遺産委員会の勧告が直接の契機となって、世界遺産における次のステップの本来的な議論がなされることとなったのである。

「富士山ヴィジョン」の策定

世界遺産委員会による勧告に対する静岡県と山梨県からの回答の第一弾は、両県知事をトップとする富士山世界文化遺産協議会によって二〇一四年一二月(のち二〇一五年一〇月に一部改正)にまとめられた『世界文化遺産富士山ヴィジョン ― その「神聖さ」と「美しさ」を次世代へと伝えるために』、通称「富士山ヴィジョン」だった。

副題が端的に表しているように、「富士山ヴィジョン」は、顕著な普遍的価値を次世代に伝えるための全体構想である。

具体的には、①全体構想の策定、②裾野における巡礼路の特定、③来訪者管理、④危機管理、⑤開発の制御、⑥経過観察指標の拡充の六点に関して、各論点の現状と課題を改めて見つめなおし、取るべき施策の方向性を示し、具体的な対策を明示する、という共通した形式でヴィジョンが記述されている。そして、それらを通して、二五の構成資産それぞれと、富士山そのものとの関連性をより明確にするとともに、構成資産相互のつながりも適切に描き出す、というものである。

同時に、文化的景観の管理手法を反映した保存・活用を目指すということに関しては、文化的景観が「人間と自然との共同作品」(世界遺産条約第一条)であるという定義をもとに、二五の構成資産が歴史の中で「信仰の対象」と「芸術の源泉」というふたつの側面において、地域社会の生活や生業とどのような関係を保持しながら現在に至っているのかという視点からの理解を深めることを目指している。そして、その先に将来に向けた保存活用計画を立案することが肝要であるということを共通認識としてヴィジョン作成にあたっている。

合計一〇〇頁にも及ぶ「富士山ヴィジョン」は事務局の検討ワーキング、勉強会、そして小委員会、地元関係者への意見聴取、学術委員会と各ステップでの議論を重ね、その都度情報を公開するという慎重な策定プロセスを踏み、最終的には富士山世界文化遺産協議会にかけて決定するという綿密な手順を踏んでいる。このあたりの丁寧な、しかし時間と手間、コストのかかる進め方自体、良くも悪くも日本的といえるだろう。

こうして策定された「富士山ヴィジョン」が二〇一六年の世界遺産委員会において高い評価を得

山頂の信仰遺跡

山頂の信仰遺跡のひとつ「銀明水」

たことはすでに巻頭言で紹介しているとおりである。

しかし、「富士山ヴィジョン」ですべてが解決するわけではない。ヴィジョンはその名のとおり基本構想であり、その先に具体的なアクションプランが必要である。また、一般に関心の高い登山者のコントロールにつながる来訪者管理戦略に関しては、混雑を回避するための望ましい登山者数の目安について、検討が継続している。具体的には、登山者の混雑状況をリアルタイムで把握するための三〇分単位での登山道の区間ごとの登山者密度を記録するという詳細なモニタリング調査が二〇一五年から三年間実施された。その結果、二〇一八年七月までに望ましい富士登山のあり方に関して、登山道の著しい渋滞が発生する際の登山者数の指標が絞り込まれつつある。

大宮・村山口登山道

吉田口登山道

「富士山ヴィジョン」のその先を目指して

本書においては、「富士山ヴィジョン」で触れられた様々な論点に関して、あらためて検討を行っているると同時に、これらの課題の背後に存在する富士山をめぐるさらに根源的な課題についてそれぞれの立場から論じている。その主要な論点は以下のとおりである。

複合遺産としての評価

第一に、富士山の価値の根源を富士山の姿形の美しさに求めるとすると、自然遺産の価値基準（評価基準）（ⅶ）の「自然美」を正面から適用すべきではないか、そうして複合遺産として評価することがあるべき姿ではないか、という議論がある。本書でも岩槻邦男氏や吉田正人氏、岡橋純子氏がこの点を主張している。

富士山の場合、そのような議論も根強くあったものの、実際上はイコモスの審査に加えてＩＵＣＮ（国際自然保護連合）の審査を経ねばならないということは、さらに時間と労力を要することを意味しており、現実的な選択肢とはなりえなかった。

また、日本の世界遺産候補の推薦の方法が文化遺産と自然遺産とでまったく接点がなく、別個に進められているという現状も、複合遺産の実現を困難にしているひとつの原因となっているということもできる。

それにしても、山に限らず、自然がつくりだす風景一般に崇高な美や神秘的な美を感じるという感性自体は、ひろく一般的なものだと言えるだろう。そうだとしたら、こうした感性は多くの場合、文化的な意味を持っているとも言えるだろう。価値基準（ⅶ）を文化遺産サイドで用いる可能性も探ってもいいのかもしれない。

また、人の手が加わらない自然の地形や事物がそのまま聖なる場となる例は、とりわけアジアには数多い。富士山を含む数多くの聖なる山のほか、ガンジス川などの河川、洞窟や島、湖沼や岩礁、丘陵や峡谷、森林などである。このような自然遺産の文化的価値に関しても近年関心が高まっている。

岩槻氏が主張するように文化の多様性の根元に自然の多様性があるとするならば、世界自然遺産と世界文化遺産をさらに融合するような価値評価のあり方へと議論を展開できるとすると、新しい前進となるだろう。

保護措置の必要性

第二に、富士山を眺める場合、山全体を見ているのであるから、これを部分に分解するのではなく、山の景観全体としてとらえ、保護措置を講じる必要性を説く五十嵐敬喜氏の主張がある。

そのためには文化的景観の議論を深化させ、二五の構成資産を一体化して、富士山全体を対象とできるようにすべきであるほか、景観法などのツールを活用して、総合的な開発規制を進める必要性が指摘されている。さらに進んで、五十嵐氏は新しい統合的な保全のための法律として、富士山法の制定の提言をこれまでにも行ってきている(『別冊ビオシティ 富士山、世界遺産へ』二〇一二年)。

信仰の山としての評価

第三に、本書の座談会でも松浦晃一郎氏が主張しているように、富士山の根源的な価値として信仰の山であるということから、もう一度山のあり方を見直すという視点である。たとえば、山開きの日は特別に御師に先導された白装束の登拝者のみを認めるといった吉田氏の提案するアイディアも、信仰の山のあり方を再び獲得するための工夫といえよう。信仰を実感できるような様々な努力を、現在に生きる私たちも払うべきなのではないだろうか。

また、富士山の噴火活動の沈静化とともに、遥拝、登拝、そして巡拝という信仰の形態が変化してきたその先に、「観拝」と本書において秋道智彌氏が名付けた新しい信仰の姿が生まれているというふうに現在の富士登山を見直すとすると、そこにも新しい信仰の山の姿を見ることができるかもしれない。

登山者調査のフィードバック

第四に、来訪者管理戦略の一環として実施された登山者の動向調査に関しては、これほど詳細な登山者密度の変化に関する調査が国立公園内で行われた例は他にないと言われている。ここで得られた混雑予測などの知見を来訪者にフィードバックすることによって、登山者の平準化が実現するとしたら、従来の収容力の議論の水準を一歩前進させる精度の計画が可能となるだろう。これも「富士山ヴィジョン」の産物のひとつだということができるだろう。

最後に、富士山に関する継続的な学びが今後も行われていくことが富士山の価値を高めることにつながるという意味で、岩槻氏の言う「富士山学」や、青柳正規氏が触れている子供たちを対象としたプログラムの展開、遠山敦子氏が紹介している世界遺産センターによる研究の深化などが不可欠であるといえよう。

精進湖

著者紹介

岩槻邦男 いわつき・くにお
1934年兵庫県生まれ。兵庫県立人と自然の博物館名誉館長。日本植物学会会長、国際植物園連合会長、日本ユネスコ国内委員などを歴任。94年日本学士院エジンバラ公賞受賞。2007年文化功労者。16年コスモス国際賞受賞。著書に『生命系』(岩波書店)、『文明が育てた植物たち』(東京大学出版会)など。

松浦晃一郎 まつうら・こういちろう
1937年山口県出身。外務省入省後、経済協力局長、北米局長、外務審議官を経て94年より駐仏大使。98年世界遺産委員会議長、99年にアジア初となる第8代ユネスコ事務局長に就任。著書に『世界遺産：ユネスコ事務局長は訴える』(講談社)、『国際人のすすめ』(静山社)など。

五十嵐敬喜 いがらし・たかよし
1944年山形県生まれ。法政大学名誉教授、日本景観学会前会長、弁護士、元内閣官房参与。「美しい都市」をキーワードに、住民本位の都市計画のありかたを提唱。神奈川県真鶴町の「美の条例」制定など、全国の自治体や住民運動を支援する。著書に『世界遺産ユネスコ精神 平泉・鎌倉・四国遍路』(編著、公人の友社、2017年)など。

西村幸夫 にしむら・ゆきお
1952年福岡市生まれ。神戸芸術工科大学教授。東京大学先端科学研究センター所長などを経て現職。日本イコモス国内委員会委員長。専門は都市計画、都市保全計画、都市景観計画。著書に『西村幸夫風景論ノート』(鹿島出版会)、『都市保全計画』(東京大学出版会)、『世界文化遺産の思想』(共著、東京大学出版会)など。

富士山世界文化遺産協議会
富士山の保存管理、整備活用、その周辺環境の保全を推進するため、山梨県、静岡県、関係市町村を中心に協議する場として2012年に設立。学術委員会を併設。2014年に、富士山ヴィジョン・各種戦略を策定。地元関係者とともに包括的保存管理計画に基づく保存・活用に取り組んでいる。
ホームページ http://www.fujisan-3776.jp

秋道智彌 あきみち・ともや
1946年京都府生まれ。山梨県立富士山世界遺産センター所長、総合地球環境学研究所名誉教授。専門は生態人類学、海洋民族学。日本、東南アジア、オセアニアなどで漁撈民を中心とした生態人類学的調査・研究活動を行う。著書に『水と世界遺産』(小学館)、『越境するコモンズ』(臨川書店)、『海に生きる』(東京大学出版会)など。

清雲俊元 きよくも・しゅんげん
1935年山梨県生まれ。山梨県甲州市の放光寺長老。65年に放光寺住職となり、03年より現職。山梨県教育委員長、山梨県文化財保護審議会長を歴任。現在、富士山世界文化遺産学術委員会委員、山梨郷土研究会理事長などを務める。編著書に『山梨県史』、『塩山市史』など。

遠山敦子 とおやま・あつこ
1938年三重県生まれ。静岡県富士山世界遺産センター館長。文化庁長官、駐トルコ共和国大使、国立西洋美術館長などを歴任後、2001年に文部科学大臣に就任。2012年より認定NPO法人富士山世界遺産国民会議理事長を5年にわたって務めた。現在、(公財)トヨタ財団理事長、(公財)東京オリンピック・パラリンピック競技大会組織委員会評議員も務める。

吉田正人 よしだ・まさと
1956年千葉県生まれ。筑波大学教授、日本自然保護協会専務理事。沖縄県における海草藻場の変動と普天間飛行場移設計画に伴う影響、小笠原諸島の世界自然遺産登録に伴う自然保護上の課題など、主に人間活動が自然生態系に与える影響とそれに対する保全対策などを研究。著書に『世界自然遺産と生物多様性保全』(地人書館)など。

青柳正規 あおやぎ・まさのり
1944年生まれ。認定NPO法人富士山世界遺産国民会議理事長、東京大学名誉教授、山梨県立美術館長。独立行政法人国立美術館理事長、国立西洋美術館長、文化庁長官などを歴任。2017年瑞宝重光章受章。著書に『古代都市ローマ』(中央公論美術出版)、『ローマ帝国』(岩波ジュニア新書)、『文化立国論』(ちくま新書)など。

岡橋純子 おかはし・じゅんこ
聖心女子大学国際交流学科准教授。専門は文化遺産学、文化政策学、国際文化協力。ユネスコ文化局・世界遺産センターのプログラム専門官を経て現職。

本書は富士山世界文化遺産登録5周年を記念して
刊行されました

企画協力：富士山世界遺産協議会
山梨県、富士吉田市、身延町、西桂町、忍野村、山中湖村、
鳴沢村、富士河口湖町、富士吉田市外二ヶ村恩賜県有財産
保護組合、鳴沢・富士河口湖恩賜県有財産保護組合
静岡県、静岡市、沼津市、三島市、富士宮市、富士市、
御殿場市、裾野市、清水町、長泉町、小山町
山梨県事務局（山梨県県民生活部世界遺産富士山課）
静岡県事務局（静岡県文化・観光部富士山世界遺産課）

編集協力：柏木貞光、高部真吾、隆 耕一郎、戸矢晃一、
真下晶子

Photo Credits
p. 27上, p. 28：Image: TNM Image Archives
p. 30下：静嘉堂文庫美術館イメージアーカイブ／DNPartcom
p. 84中：清水善和
pp. 88–89, 92, 93上中：増澤武弘

信仰の対象と芸術の源泉
世界遺産 富士山の魅力を生かす

2018年7月2日　初版第一刷発行

編著者：五十嵐敬喜、岩槻邦男、西村幸夫、松浦晃一郎

発行者：藤元由記子
発行所：株式会社ブックエンド
〒101-0021
東京都千代田区外神田6-11-14 アーツ千代田3331
Tel. 03-6806-0458　Fax. 03-6806-0459
http://www.bookend.co.jp

ブックデザイン：折原 滋（O design）
印刷・製本：シナノパブリッシングプレス

Printed in Japan
ISBN978-4-907083-47-2